David Selbach/Olaf Wittrock

Messetraining für den Mittelstand

David Selbach
Olaf Wittrock

Messetraining für den Mittelstand

Kosten – Nutzen – Erfolg

Linde
international

Bibliografische Information Der Deutschen Bibliothek

Die Deutsche Bibliothek verzeichnet diese Publikation in der Deutschen Nationalbibliografie; detaillierte bibliografische Daten sind im Internet über http://dnb.ddb.de abrufbar.

ISBN 978-3-7093-0148-7

Umschlag: AG MEDIA GmbH

1210 Wien, Scheydgasse 24, Tel.: 0043/1/24 630

www.lindeverlag.at

Druck: Hans Jentzsch & Co. GmbH., 1210 Wien, Scheydgasse 31

Inhaltsverzeichnis

Einleitung ... 7

Kapitel 1

Stand und Platzwahl:
Wo Sie sich präsentieren ... 15

Kapitel 2

Personal: Wer an den Stand gehört ... 33

Kapitel 3

Versicherungen und Verträge:
Wofür Sie vorsorgen sollten ... 49

Kapitel 4

Gesprächsführung:
Wie Besucher zu Kontakten werden ... 63

Kapitel 5

Medien und Marketing:
Was Aufmerksamkeit erregt ... 71

Kapitel 6

Messeumfeld:
Wo Sie mögliche Kunden finden ... 85

Kapitel 7

Erfolgskontrolle:
Wie Sie den Wert des Auftritts messen ... 91

Kapitel 8

Messe-Nachgeschäft:
Warum die Arbeit jetzt erst anfängt ... 105

Kapitel 9

Alternativen zur Messe:
Wie Sie die Sache selbst anpacken 119

Kapitel 10

Messen im Ausland:
Wer bei den ersten Schritten hilft 127

Kapitel 11

Messestandorte: Wer zu Ihnen passt 137

Einleitung

„Wir sehen uns auf der Messe!" – über Jahrzehnte hinweg hat diese Formel die deutsche Wirtschaft geprägt. Im prosperierenden Nachkriegsdeutschland entstanden gewaltige Produkt- und Leistungsschauen als vitale Schaufenster der Republik. Der Weltmarkt schickte seine Kundschafter auf Einkaufstour nach Hannover, Frankfurt oder München. Jedes Gewerk hatte seine Messe, die Rohrleitungsspezialisten genauso wie die Kunststoffverarbeiter, die Autobauer und die Elektronikproduzenten. Sie alle präsentierten sich wie selbstverständlich auf ihren Branchenforen, teilzunehmen war praktisch eine Pflicht.

Doch das Modell Messe befindet sich in einer dramatischen Umbruchsphase. Digitalisierung und Computerisierung haben den Zuschnitt ganzer Branchen verändert, haben eigene Messen wie „CeBit" und „Systems" entstehen lassen, die dann ihrerseits rasant durch Höhen und Tiefen gingen. Aufstrebende Weltregionen versuchen, ihre eigenen Leitmessen zu entwickeln, gleichzeitig folgen deutsche Messemacher den Ausstellern nach China, Amerika und Indien und ziehen dort Ableger ihrer hiesigen Messen groß. Nicht zuletzt sitzt bei den Ausstellern das Geld längst nicht mehr so locker wie einst. Die Messeveranstalter stehen in einem immer schärferen Wettbewerb, und sie kämpfen mit sinkenden Aussteller- und Besucherzahlen. Gleichzeitig drohen mächtige Veranstalter, mit ihren Prestige-Veranstaltungen abzuwandern. Die Rekorde purzeln wirklich nicht mehr.

Trendforscher haben bereits das „Ende der Messen" ausgemacht, weil moderne Kommunikationstechniken wie Internet- und Bildtelefonie den Informationsaustausch in den Cyberspace verlegt hätten. Doch wie so häufig war das reichlich übertrieben. Im Gegenteil: Gerade für mittelständische Unternehmen sind Messen heute wichtiger denn je. Der Kommunikationswissenschaftler Norbert Bolz beschwor Ende 2005 in einem Interview mit dem Cebit-Magazin „01" deren Eigenschaft als „sozialer Raum": „Muss eine Familie sich nicht mehr zu Weihnachten treffen, weil sie bequem per Videokonferenz zusammenkommen kann? Messen können vieles erreichen, was das Internet nie leisten kann", meint Bolz. Er empfiehlt, sich auf die Stärken von Messen zu besinnen. „Wer im Internet etwas finden will, muss schon vorher genau wissen, was er sucht. Von einer Messe kann ein Besucher dagegen mit ganz anderen, neuen, überraschenden Gedanken zurückkommen."

Messen sind und bleiben der kommunikative Zenit ihrer Branchen – vor allem für mittelständische Unternehmen, die nur wenig in klassische Werbung, Presse- und Öffentlichkeitsarbeit investieren können. Bei einer aktuellen Umfrage des Deutschen Messe-Instituts unter 100 Marketing-Lehrstühlen in Deutschland bestätigte sich wieder die überragende Bedeutung von Messen: Weder Werbung noch PR, weder Direktmarketing noch eine Internet-Präsenz konnten ihnen das Wasser reichen. Messen sind das beste Instrument, um neue Kunden zu gewinnen, zur Anbahnung neuer Geschäfte und um Neues zu präsentieren.

Messen werden besser

Zudem haben die Messeveranstalter eine schmerzhafte Lektion gelernt, als sich bei ehemaligen deutschen Welt-Schauen die Hallen leerten. Unter den Messeplätzen ist ein regelrechter Service-Wettbewerb ausgebrochen: Mit neuen Dienstleistungen buhlen sie um Unternehmer. Und das kommt an. Denn die meisten Mittelständler verlangen nach ganz einfachen Dingen: Sie wollen freundlich und zuvorkommend betreut werden und wünschen sich preiswerte Dienstleistungspakete. Dabei geht es den meisten mittelständischen Ausstellern gar nicht unbedingt ums Geld: „Ausschließlich niedrigere Kosten werden überraschenderweise als nachrangiges Argument genannt", heißt es in einer aktuellen Studie des Veranstalter-Verbandes Ausstellungs- und Messeausschuss der Deutschen Wirtschaft (AUMA). Aussteller verlangen demnach eher nach „organisatorischen Hilfen und Begleitung".

Da passt es, dass die Veranstalter ihr Umsatzpotenzial erweitern möchten. Sie bieten immer mehr kostenpflichtige Dienstleistungen für Aussteller an, die diese früher vielleicht selbst erledigt oder extern eingekauft haben: Werbeflächen in der ganzen Messestadt, Profi-Unterstützung bei den Einladungen, bei der PR-Arbeit, dem Stand-Catering und der Auftrittsvorbereitung.

Messen und Kongresse wachsen zusammen

Auch der Zuschnitt der Veranstaltungen verändert sich: Messen und Fachkongresse verschmelzen zum Beispiel zu Komplettpaketen. Statt zum selben Thema einmal Forscher und einmal Verkäufer einzuladen, kommen nun alle Experten auf einem Event zusammen. Trends und Möglichkeiten werden auf dem Kongress besprochen, die Produkte zur Umsetzung sind auf der Fachausstellung zu sehen. Aussteller können die kostbare Messezeit gleich zur Fortbildung nutzen. Prominent besetzte Podien locken zudem Entscheider auf die Messe und damit an ihren Stand. Und: Mittelständler können mit eigenen Vorträgen ihr Know-how präsentieren.

Messen werden kürzer

Die wenigsten Unternehmer werden es sich heute erlauben, mit voller Mannstärke acht Tage auf der Messe zu verbringen. Weil die Budgets der Aussteller schrumpfen, stutzen Veranstalter frühere Mega-Messen auf ein Normalmaß zurück. Die kürzeren, dafür aber thematisch passgenauen Veranstaltungen erfüllen genau die Bedürfnisse spezialisierter Mittelständler: Auf großen Industriemessen gehen sie leicht unter, in der Nische können sie sich optimal präsentieren. Zudem sparen sie Stand- und Hotelkosten. Kleine und themenspezifische Veranstaltungen sind deshalb oft rentabler.

Die ganze Welt in einem Rundgang

Messen sind und bleiben ein spannendes Forum für Unternehmer. Denn es ist eben ein gewaltiger Unterschied, ob der Assistent sich im Web ein Dossier über die wichtigsten Wettbewerber „zusammengoogelt", der Einkauf Kataloge wälzt, oder ob man in den Hallen einer gut konzipierten und organisierten Messe den kompletten Markt versammelt findet. Besucher und Aussteller sehen auf einen Blick, was Aktienhändler ihr „Universum" nennen – alle Unternehmen, die für sie von Interesse sein könnten: Sei es als Konkurrenten, Geschäftspartner, Vorbilder oder Übernahmekandidaten.

Wie im richtigen Geschäftsleben verlangt aber auch dieses Markt-Konzentrat nach einem professionellen Auftritt. Auf einer Messe ist alles Außendarstellung, das Unternehmen und seine Stand-Mitarbeiter stehen unter permanenter Beobachtung. Deshalb investieren große Konzerne Millionen in ihre Messestände, stellen ganze Entwicklerteams ab, die monatelang ausgefeilte Multimedia-Shows konzipieren. Und sie unterziehen ihr Personal ausführlichen Schulungen.

Mittelständische Unternehmen können da mithalten, wenn sie sich auf ihre Stärken besinnen. Denn das direkte Gespräch, der persönliche Kontakt zum Kunden – das sind Selbstverständlichkeiten im Umgang von Mittelständlern mit ihren Kunden und Geschäftspartnern. Auf Messen sind das große Trümpfe, die auszuspielen dann aber doch mehr erfordert als das Bauchgefühl des Chefs.

Messetraining für den Mittelstand

Es existieren bisher nur wenige Fachbücher zum Thema Messe-Beteiligung. Immer wieder genannt und inzwischen bereits in der 4. Auflage erschienen ist „Messen messbar machen" von Matthias Huckemann und Dieter S. ter Weiler. Es ist ausgesprochen breit angelegt und mit einer Fülle von Originaldokumenten und

Musterrechnungen sehr praxisorientiert. Der Nachteil: Wer sich zum ersten Mal mit dem Thema Messe beschäftigt, wird mit dem Buch nur schlecht zurecht kommen. Zudem richtet es sich nicht ausdrücklich an mittelständische Unternehmen.

Das Handbuch „Der Messetrainer" des Verkäufer-Coachs Dirk Kreuter konzentriert sich auf die kommunikativen Aspekte des Auftritts, vor allem auf die Gesprächsführung. Das „Messelexikon" von Dieter Arnold ist ein alphabetisch sortiertes Nachschlagewerk, das ebenfalls eher Messekennern anzuraten ist. Die Unternehmensberaterin Elke Clausen hat mit dem Buch „Messemarketing" zwar einen profunden Überblick über die Konzeption und Organisation der Messepräsentation geschrieben, aber auch ihr Buch ist kein Leitfaden, der alle Praxis-Aspekte rund ums Thema beleuchtet.

Einen solchen Leitfaden soll das vorliegende Buch darstellen. Es ist als Handbuch für Praktiker gedacht, das kapitelweise die wichtigsten Themen rund um die Messebeteiligung aufgreift: Für die erste und zweite Führungsebene kleiner und mittelständischer Unternehmen, die bereits auf Messen vertreten sind oder dies planen. Sie sollen auch ohne Vorkenntnisse einen breiten Überblick über die Materie erhalten, die wesentlichen Stellschrauben für den Messeerfolg erkennen und prüfen, an welchen Punkten sie noch Nachholbedarf haben.

In **Kapitel 1** geht es allgemein darum, wie Aussteller die Aufmerksamkeit von Messebesuchern und anderen Ausstellern zu ihren Gunsten beeinflussen können. Rund um den Stand gilt es eine Reihe von Fragen zu klären: Wir groß muss der Stand sein? Wo kommt er her? Wann lohnt es sich, einen eigenen, vielleicht wiederverwendbaren Stand entwerfen und bauen zu lassen? Wie sollte ein guter Stand gestaltet sein? Schließlich: Welche Stellen in den Messehallen garantieren die höchste Aufmerksamkeit und Besucherfrequenz?

Die nächsten drei Kapitel sind der richtigen **Planung und Vorbereitung** gewidmet. In **Kapitel 2** werden Personalfragen geklärt: Wer reist mit in die Messestadt? Welche Mitarbeiter übernehmen auf dem Stand welche Aufgaben? Woher kommt das externe Personal? Was ist von den Personaldienstleistungen der Messeveranstalter zu halten? Wann kommen Zeitarbeiter in Frage? Wie hilft die Arbeitsagentur bei der Suche? Welche Voraussetzungen sollten Standmitarbeiter mitbringen?

Kapitel 3 beleuchtet das Thema Verträge und Versicherungen: Häufig bieten Messeveranstalter kleinen Ausstellern Standardverträge an – es gibt aber durchaus Verhandlungsspielraum. Worauf sollen Mittelständler also im Vertrag achten? Was muss versichert sein und wer sind die Anbieter? Außerdem: Die Messe ist eine zentrale Plattform der Wettbewerbsbeobachtung – und häufig erfahren Mittelständler erst hier von dreisten Plagiaten ihrer Produkte. Auch hierauf können sie sich vorbereiten.

Kapitel 4 schließlich zeigt, wie Unternehmer die eigenen Leute auf die Messe einschwören. Ist ein Besucher am Stand und signalisiert Interesse am Unternehmen und seinen Produkten, dann liegt jedes Wort auf der Goldwaage. Professionelles Coaching des Standpersonals schützt vor Fehlern. Außerdem ist sichergestellt, dass die wichtigsten Informationen nicht verloren gehen – auf beiden Seiten.

Ein Thema, das in vielen Messe-Ratgebern nur eine Nebenrolle spielt, wird hier gesondert behandelt. Das **Flankieren** der Messepräsenz mit Hilfe von Pressearbeit, Einladungsmarketing, und die **Kontaktsuche** auf Kongressen und Foren. **Kapitel 5** hat Medien und Marketing zum Inhalt. Messen sind nicht nur zentraler Branchentreffpunkt, sondern auch medial ein Höhepunkt des Jahres. Indes verstehen viele Mittelständler dies falsch – und erwarten etwa, dass viele Pressevertreter während der Messe vor Ort sind.

Mittelständler können mit einfachen Mitteln auf sich aufmerksam machen: Indem der Chef auf dem begleitenden Kongress als Experte auftritt, Journalistenanfragen in der heimatlichen Zentrale effizient bearbeitet werden – und die Werbung rund um den Messeauftritt zum richtigen Zeitpunkt und an den richtigen Stellen platziert wird.

In **Kapitel 6** geht es um das Messeumfeld. Neben dem begleitenden Kongress, der auf immer mehr Messen zum Standardprogramm gehört, gelten abendliche Messepartys als exzellente Kontaktplattformen. Außerdem „Parallelveranstaltungen", die während der Messe in der Nähe organisiert werden. Unternehmen nutzen so den Umstand, dass ihre wichtigsten Ansprechpartner eine Zeit lang an einem Ort versammelt sind.

Der vielleicht wichtigste Baustein der Methodik beginnt während der eigentlichen Messe und sollte den Vertrieb des Ausstellers im Idealfall mindestens zwei bis drei Monate nach Messeschluss beschäftigen: **Messe-Controlling und Follow-Up**. In **Kapitel 7** wird eine Methodik für die Erfolgskontrolle vorgestellt. Unternehmer sollten sich vorab nachprüfbare Ziele setzen, die sie mit der Messebeteiligung erreichen wollen. Sie sollten jedes Gespräch und jeden Kontakt nach festgelegten Kriterien systematisch erfassen – und diese Kontaktbögen hinterher auch auswerten.

Kapitel 8 erläutert, wie Unternehmen die auf der Messe akquirierten Kontakte hinterher wieder aufnehmen und weiter verfolgen. Die Messe selbst funktioniert wie ein Brennglas, das Informationsnachfrage und Angebot an einem Ort in wenigen Tagen bündelt. Kontakte werden erfasst, potenzielle Kunden auf den Messebesuch angesprochen, die Daten ausgewertet, die Mitarbeiter über die Konkurrenz gesammelt haben. So entwickelt sich die Strategie für den nächsten Auftritt. Es gilt, nach einem strikten Zeitplan die Leads weiter zu verfolgen und die nächste Messebeteiligung zu optimieren, umzustrukturieren oder sogar ganz zu überdenken.

Sollte sich herausstellen, dass es sich nicht mehr lohnt, auf der Branchenmesse einen eigenen Stand aufzubauen, können Unternehmer über **Alternativen** nachdenken. In **Kapitel 9** werden einige vorgestellt: Unter bestimmten Bedingungen und bei besonderen Marketing-Zielen bietet sich vor allem die Hausmesse an, aber auch Regionalmessen oder lokale Wirtschaftsforen, bei denen sich Anbieter und Interessenten wie bei einem Kongress treffen – und ohne aufwändigen Stand.

In **Kapitel 10** geht es um **Messen im Ausland:** Unternehmer, die an einer Messe im Ausland teilnehmen möchten, sollten vorsichtig einen Schritt nach dem anderen gehen. Zuerst sollte man die Veranstaltung im Zielmarkt besuchen, sich später auf den Gemeinschaftsständen von Bund und Ländern einmieten, als nächstes bei einem Agenten oder Importeur zur Untermiete mit auf den Stand kommen, bevor man sich an eine eigene Präsentation wagt.

Im letzten Kapitel werden die wichtigsten deutschen Messeplätze porträtiert, mit einer kurzen Einführung und einem Überblick über alle aktuellen Veranstaltungen. Zudem werden die wichtigsten Punkte erläutert, die auf diesen Geländen zu beachten sind: Branchenfokus, Anbindung, Hotelsituation, Probleme.

Der Messezyklus

Nach der Messe ist vor der Messe. Unternehmen, die es mit ihrer Messebeteiligung ernst meinen, beginnen mit den ersten Überlegungen für die nächste Veranstaltung, noch während die Standbauhelfer die Stellwände demontieren. Zur besseren Übersicht über die wichtigsten Schritte des Countdowns bis zur Messe sind hier die Inhalte aller Kapitel in einer Jahresuhr zusammengefasst.

Der „Messezyklus“

Nach der Messe ist vor der Messe.

Wann welche Schritte anstehen.

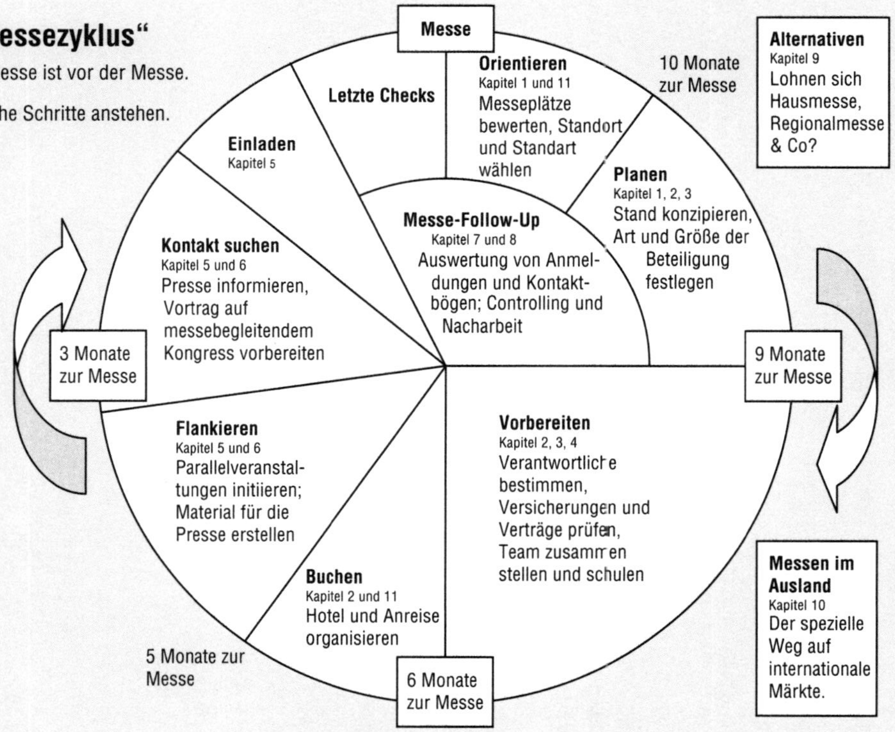

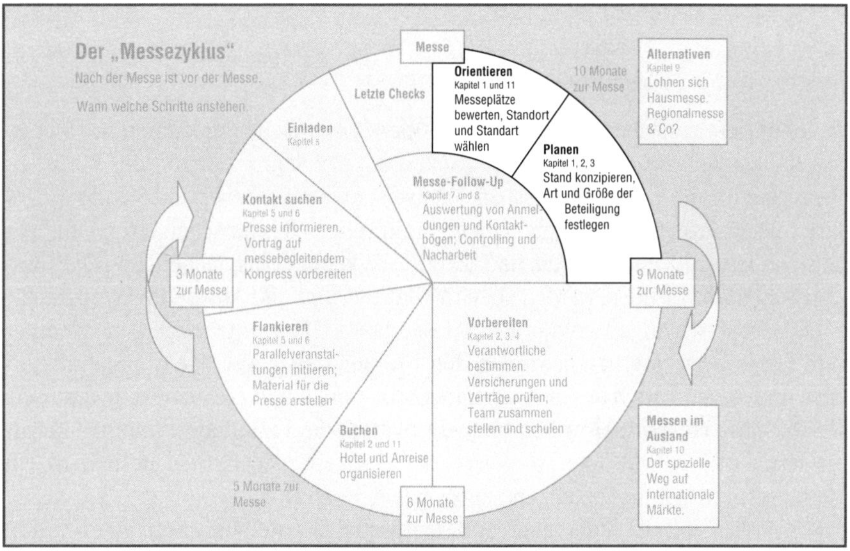

Kapitel 1

Stand und Platzwahl: Wo Sie sich präsentieren

Unternehmer, die auf einer Messe einen Standplatz anmieten, einen Stand aufbauen und sich dann tagelang ins grelle Scheinwerferlicht der Hallen stellen, verfolgen damit ganz unterschiedliche Ziele. Sie wünschen sich handfeste Ergebnisse und stellen sich vor, mit einem gelungenen Auftritt ein positives Bild des Unternehmens in der Branche zu zeichnen. Sie möchten potenzielle Geschäftspartner und Lieferanten kennen lernen und letztlich neue Aufträge gewinnen. Wie genau sie das mit einer bestimmten Präsentation erreichen, ist ihnen allerdings oft nicht klar.

Manchmal verschwimmt die Stand-Strategie in einem diffusen Gefühl von „Haste was, dann biste was“. Hat der Hauptwettbewerber 50 Quadratmeter in der teuren Halle 4 gebucht, mit aufwändiger Lichtinstallation und Plexiglasfronten, dann möchte man dahinter nicht zurückstehen. So entstehen Stände wie überdimensionale Hochglanzbroschüren, auf denen Menschen fast störend wirken.

Die Regel ist aber der Gegenentwurf: Betont sachliche Auftritte, auf denen im Extremfall das komplette Sortiment eines Unternehmens lagert und die mit detaillierten Texttafeln bepflastert sind. Solche Zahlengräber sind ebenfalls nicht der Stein der Weisen. Sie werden kaum einen Flaneur neugierig machen oder ihm im Gedächtnis bleiben.

Funktionen des Messestands

Es lohnt sich, zunächst grundsätzlich zu überlegen, welche Funktionen der Messestand eigentlich erfüllen soll. Ganz banal dient der Stand während der Messe als Basislager für die eigene Mannschaft. Hier verstauen Mitarbeiter und Standpersonal ihre Mäntel, lagern Dokumente, arbeiten und ruhen sich zwischendurch kurz aus. Das passiert ganz automatisch, und Stände, die keinen entsprechenden Rückzugs- und Stauraum vorsehen, werden eben mit Kaffeetassen und Aktenordnern zugestellt.

Die zweite wichtige Funktion des Messestands: Hier empfangen Unternehmer ihre Gäste. Unternehmen gewinnen den Großteil neuer Aufträge von Stammkunden, und sie sind auch auf die Zusammenarbeit mit guten Lieferanten angewiesen. Solche Geschäftspartner wollen bequem platziert und zumindest minimal bewirtet sein. Dazu gehört auch, dass sich der Gastgeber mit seinen Besuchern ein wenig vom Trubel im Hallengang zurückziehen kann.

Schließlich soll der Stand auch anderen Besuchern auffallen. Zum einen, um in der Branche ein positives Image des Unternehmens aufzubauen. Und zum anderen, um zufällig vorbeikommende Fachbesucher anzuziehen, aus denen vielleicht neue Geschäftspartner werden. Dafür muss der Flaneur mit wenigen Blicken erfassen, mit wem er es zu tun hat und was das Unternehmen leistet.

Die Funktionen des Messestands im Überblick

1. **Basislager** für die eigene Mannschaft
   Ziel: Diskreter Stauraum für Zubehör und Persönliches
2. **Empfangsraum** für Kunden und Geschäftspartner
   Ziel: Gespräche in angenehmer, ruhiger Atmosphäre
3. **Schaufenster** des Unternehmens
   Ziel: Auffälliger, attraktiver Auftritt im Firmendesign
4. **Informationsportal** für Zufallskontakte
   Ziel: Ausweis der besonderen Unternehmenskompetenz

Geringe Budgets, divergierende Ziele

Das produziert eine Reihe von Zielkonflikten, die gerade mittelständischen Unternehmen mit begrenztem Messebudget Schwierigkeiten bereiten. Der Stand soll wie ein Werbespot wirken, aber eben auch die wichtigsten Informationen für Fachbesucher transportieren. Er soll attraktiver Verkaufsraum sein, der möglichst Zufallsbesucher anzieht, aber gleichzeitig abgeschirmte, exklusive Lounges für das Hintergrundgespräch mit dem Großkunden bieten. Und manchmal wird er noch zur Kulisse für die abendliche Stehparty.

Wer seinen Messestand gut plant, kann dabei auch mit begrenzten Mitteln und auf wenig Platz erstaunliche Ergebnisse erzielen. Der Grundriss des Standes und die Platzierung von Elementen wie Empfangstheke, Produktpräsentation, Besprechungsbereich und „Back Office" sind dabei von zentraler Bedeutung. Ebenso ist das Design des „Front Ends" zum Gang hin wichtig. Wer hier seine Produkte klug einbindet, kann Geld sparen, fällt auf und bedient gleichzeitig das Informationsbedürfnis der Besucher.

Die richtige Standgröße

Zunächst gilt es, grundlegende Fragen zu klären. Als erstes: Wie viel Fläche benötigt der Stand? Das richtet sich nach der Größe und Anzahl der Exponate und der Art der Veranstaltung. Der Ausstellungs- und Messeausschuss der Deutschen Wirtschaft (AUMA) empfiehlt, bei produktorientierten Veranstaltungen wie Technik-Schauen mindestens 60 Prozent der Standfläche für die Präsentation einzuplanen – damit sind sämtliche Flächen für Exponate, Informationstafeln, Vorführungen und Aktionen gemeint.

Bei informationsorientierten Veranstaltungen wie Dienstleistungsmessen genügen 40 Prozent oder weniger. Ein Software-Produzent oder – noch extremer – ein Unternehmensberater braucht letztlich nur einen ansprechenden Rahmen, um seine Mitarbeiter mit Besuchern ins Gespräch zu bringen. Ein Teil des Standes wird in jedem Fall für Besprechungsbereiche wie Sitzgruppen oder geschlossene Kabinen gebraucht. Außerdem kommt eine abschließbare Kammer hinzu: Für Lager und Technik, sowie – falls genügend Platz ist – Personal- und Serviceräume oder eine Küche.

Unternehmen, die auf sehr vielen Messen vertreten sein müssen, benötigen auf Regional- und Auslandsmessen meist nur einen kleineren Stand. Lediglich auf der Branchen-Leitmesse treten sie groß auf. Aus Kostengründen wählt mancher Unternehmer auch den umgekehrten Weg: Großer Auftritt auf der – oft günstigeren – Fachmesse, kleine Präsenz bei der Leitmesse. Die Entscheidung darüber hängt von der Besucherqualität der Messen und den Marketingzielen ab.

Grundsätzlich kommen Dienstleistungsunternehmen mit einem kleineren Stand aus als Maschinenbauer, die ihre Produkte tatsächlich vorführen möchten. Und: Je mehr offene Fronten der Stand zum Gang hin hat, desto mehr Platz benötigt er insgesamt, weil sich mit nichts so raumsparend gestalten lässt wie mit Wänden.

Erhebungen von Messeverbänden und Veranstaltern zeigen jedenfalls, dass mehr als 95 Prozent aller Stände kleiner sind als 50 Quadratmeter. Diese kleinen Stände müssen das Gleiche leisten wie große: Das Unternehmen muss dargestellt sein, die Produkte und Dienstleistungen erkennbar bleiben und Besucher mit dem Personal ins Gespräch kommen können. Kleine Messestände haben hier sogar Vorteile: Sie sind für den Besucher überschaubar, man findet schnell den richtigen Ansprechpartner, und das Unternehmen ist gezwungen, sich bei der Gestaltung auf das Wesentliche zu konzentrieren.

Der richtige Standort

Nachdem die Standgröße geklärt ist, lautet die nächste Frage: Wo soll der Stand hin? Leider haben nur Weltkonzerne dabei die freie Wahl, weil sie oft gleich mehrere hundert Quadratmeter abnehmen und die Veranstalter sich mit großen Namen schmücken möchten. Kleinere Aussteller können meist lediglich angeben, wie viel Grundfläche sie benötigen und neben welchem Konkurrenten sie auf keinen Fall ausstellen möchten. Immerhin: Je nach Hallenaufteilung und Verfügbarkeit bieten die Veranstalter ihnen in der Regel zwei bis fünf alternative Standorte an. Bei der nächsten Messe erhalten Aussteller dann ein Vorrecht auf den „Stammplatz“, den sie beim ersten Mal ausgewählt haben.

Bei der Entscheidung für einen der angebotenen Standorte ist Sorgfalt geboten: Denn die Besucherströme bewegen sich höchst unterschiedlich durch die Hallen. Das meiste Laufpublikum findet sich in den zentralen Hauptgängen und Mittelachsen, die etwa 80 Prozent der Besucher fast automatisch frequentieren. Wer seinen Stand entlang dieser Strecken aufbaut, hat bessere Chancen, wahrgenommen zu werden.

Wegeverlaufsanalysen aus dem Einzelhandel, die sich auf Messen übertragen lassen, zeigen außerdem, dass die meisten Menschen beim Betreten einer Halle instinktiv ein Zentrum suchen – meist bilden die mittleren Standreihen diesen Mittelpunkt. 70 bis 80 Prozent der Messebesucher gehen rechts an den Mittelreihen vorbei und orientieren sich eher an den Ständen auf der äußeren rechten Seite.

Reihenstand

Diese Standform ist auf den meisten Messen am günstigsten. Sie ist nur zum Gang hin offen, und auf der Rückseite, links und rechts von anderen Ständen begrenzt. Bei der Platzierung kommt es besonders auf das Umfeld an: Wo betreten Besucher die Halle? Sind Messerestaurants oder Event-Bühnen in der Nähe? Liegen die Stände auf dem Weg zu den Aufbauten der großen Marktführer?

Wer im Hallenplan solche Hauptwege identifiziert hat, kann sich darüber hinaus an der „Aufmerksamkeitswelle“ der Besucher orientieren: Am günstigsten sind demnach Stände rechts der Blickrichtung. Besucher übersehen oft den ersten Stand und richten ihre Aufmerksamkeit etwa alle zehn Meter auf Neues, um von der Informationsflut nicht erschlagen zu werden. Es lohnt sich, dies bei der Platzwahl zu bedenken.

Eckstand/Kopfstand

Beide Standarten liegen am Ende einer Reihe und sind deshalb nach mehreren Seiten hin offen. Wie an einem Wellenbrecher teilt sich der Besucherstrom an ihnen, darüber hinaus leiten sie die dahinter folgende Reihe thematisch ein und werden von Messebesuchern oft als Orientierungspunkt beim Gang durch die Hallen benutzt. Sie können also einen prägenden Eindruck hinterlassen, auch weil mit jeder zum Gang hin offenen Front die Wahrscheinlichkeit steigt, dass ein Besucher am Stand vorbeikommt. Die Miete für einen Eckstand ist um etwa 25 Prozent teurer als ein einfacher Reihenstand. Der Kopfstand – im Grunde ein doppelter Eckstand – ist nach drei Seiten hin offen und nur noch auf der Rückseite begrenzt. Er kostet etwa 40 Prozent mehr als der Reihenstand. Zudem ist die Mindestfläche hier größer.

Einzelstand

Diese Standform, oft auch „Blockstand“ genannt, ist die teuerste Variante – sie kostet um etwa 60 Prozent mehr Miete als der Reihenstand. Wie eine Insel steht der Stand frei und ist auf allen Seiten von Gängen umgeben. Genauso wie beim Eck- und Kopfstand laufen die meisten Besucher rechts um den Inselstand herum. Die Wahrscheinlichkeit, dass der Aussteller einem Besucher auffällt, ist abermals erhöht. Allein durch die exponierte Einzellage sorgen Blockstände für besondere Aufmerksamkeit, sie eignen sich vor allem, wenn Aussteller Wert auf Repräsentation legen. Gestaltung und Standbau sind allerdings erheblich aufwändiger, weil es keine natürliche Rückwand mehr gibt.

Die Varianten im Überblick

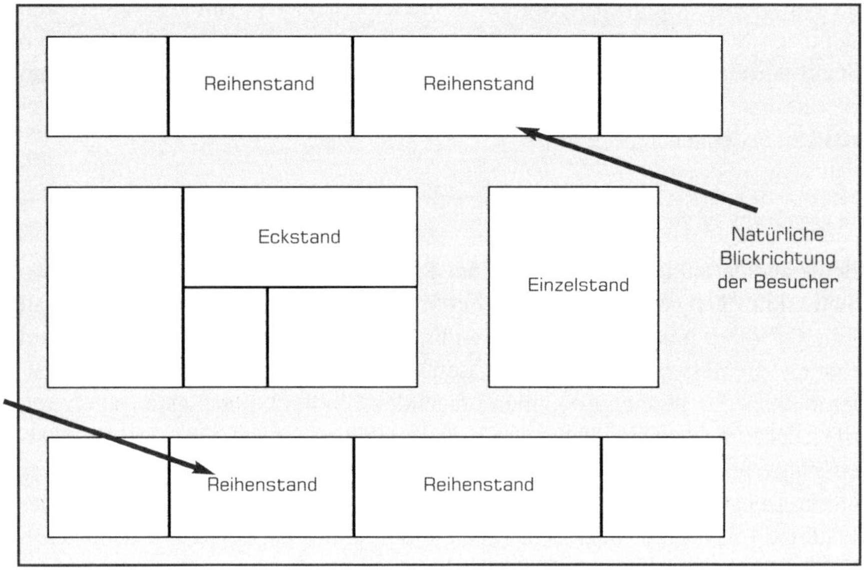

Themenpark

Auf vielen Messen richten Veranstalter Sonderschauen ein, auf denen Aussteller zu einem konkreten Thema versammelt werden. Hier können Unternehmen von einem Phänomen profitieren, das in der Wirtschaftswissenschaft seit langem bekannt ist: Sie locken Besucher für ihre Konkurrenten an – und umgekehrt. Das funktioniert wie bei Schuhgeschäften, die sich in wenigen Straßen der City konzentrieren oder Baumärkte auf der grünen Wiese. Handelsforscher haben an Supermarkt-Sortimenten Ähnliches nachgewiesen: Wenn sämtliche Konkurrenzprodukte an einer Stelle zu finden sind, kann der Umsatz des Einzelnen sich mehr als verdoppeln.

Auf Messen übertragen heißt das: In jedem Fall rentieren sich die teilweise erheblichen Preisaufschläge für einen Stand im Themenpark durch das Besucherplus. Zumal Veranstalter für die Sonderflächen unter Umständen zusätzlich die Werbetrommel rühren und so weitere Besucher in die Hallen locken. Allerdings gilt das Angebot nicht für alle Aussteller, die zudem inhaltlich engen Vorgaben genügen müssen.

Auf internationalen Messen können regionale Konkurrenten auch direkt zu Kooperationspartnern werden: Das erzeugt nicht nur höhere Aufmerksamkeit.

Kompagnons sparen durch Kooperation auch Geld für Anreise, Auf- und Abbau sowie Personal.

Partnerstand

Zulieferer können sich manchmal auf dem Stand großer Auftraggeber einquartieren – zur Untermiete. Verfügt der Seniorpartner bei dieser Variante über eine zugkräftige Marke, können Aussteller in seinem Windschatten von zusätzlichem Besucheraufkommen profitieren. Wer sich etwa für eine Werkzeugmaschine interessiert, benötigt auch Ersatzteile, Adapter und Zusatzgeräte. Anbieter derartiger Produkte sind auf einem Partnerstand gut aufgehoben.

Stand: Kaufen oder Mieten?

Unternehmen, die zum ersten Mal überhaupt auf einer Messe vertreten sind, mieten ihre Standaufbauten in aller Regel vom Veranstalter. Vertragsfirmen haben dazu Systemstände im Angebot – in mehreren Größen und mit einer Basis-Ausstattung. Sie werden mit Mietmöbeln und eigenen Bauteilen ergänzt, was sich vor allem bei sperrigem Mobiliar wie Tischen, Hockern oder Stühlen lohnt. Dadurch spart das Unternehmen einerseits Lagerkosten und fährt günstiger als beim Bau eines eigenen Standes. Andererseits kann man nur sehr wenig Einfluss auf die Gestaltung nehmen. Wer erste Erfahrungen gesammelt hat und regelmäßig auf Messen ausstellt, sollte sich dafür eigene Standmöbel anschaffen.

Ein Tipp: Erstaussteller können die besonders günstigen Ausstattungsofferten nutzen, mit denen Veranstalter um Neulinge werben. Auch in Themenparks bieten Messe-Macher Ausstellern häufig Rabatte auf Rundum-Pakete.

Auf eine einzige Messebeteiligung gerechnet ist der Kauf eines Standes fünfmal teurer als die Miete – doch je öfter ein Unternehmen seinen eigenen Stand wieder auf der nächsten Messe aufbaut, desto günstiger wird die Kauf-Variante im Vergleich. Denn obwohl der Stand gelagert, zu jeder Messe transportiert, instandgehalten und montiert werden muss: Wer die Aufbauten gut plant, kann sie über viele Jahre wieder verwerten. Vor allem modulare Messekonstruktionen eignen sich dafür. Selbst der Autohersteller Daimler-Chrysler etwa nutzte zur Branchenschau IAA 2003 die Aufbauten von 2002. Neu lackiert und arrangiert erschienen die Trennwände und Rampen der Vorveranstaltung in einem ganz anderen Licht.

In der Miete sind andererseits etliche Nebenleistungen enthalten, um die sich der Besitzer eines Messestandes selbst kümmern muss: Transport und Aufbau zum Beispiel. Ansonsten gelten die typischen Pro- und Contra-Argumente wie bei der Anschaffung anderer Investitionsgüter: Ein Mietstand bindet kein Kapital und lässt dem Unternehmen bei jeder Messe die freie Entscheidung über Art und Umfang der Beteiligung. Ein Kaufstand gehört bilanztechnisch zum Anlagevermögen und kann sehr individuell gestaltet werden.

System: Baukasten oder Maßarbeit?

Bei der Konstruktion des Messestands können Unternehmer auf vorgefertigte Bauelemente zurückgreifen, die inzwischen von etlichen Anbietern geliefert werden. Je nach Grundfläche und Anspruch lassen sie sich immer neu kombinieren. Viele kleine Unternehmen wählen diese Variante – außerdem Firmen, die auf mehreren Messen vertreten sein müssen.

Die Systemstände bestehen entweder aus Wandelementen, die mit Scharnieren und Steckmodulen zu Platten zusammengesetzt werden. Sie sind verhältnismäßig günstig und lassen sich leicht in kleinen Lieferwagen transportieren. Die zweite Möglichkeit sind so genannte „Raum-Tragwerk-Systeme“, die dank stabiler Gerüste auch breite freitragende Konstruktionen erlauben. Das ist deutlich teurer als ein Wandsystem und lohnt sich vor allem für größere Stände.

Eine attraktive Variante gerade für kleine Stände sind faltbare Display-Systeme, meist aus Kunststoff. Sie lassen sich mit wenigen Handgriffen auseinanderklappen und einfach transportieren, sind aber nicht viel stabiler als ein Prospektständer.

Beispiel

Quelle: HBS GmbH

Die Königsklasse ist der individuell angefertigte Messestand, maßgeschneidert für das einzelne Unternehmen und seinen Auftritt – im Extremfall nur für die Verwendung auf einer einzigen wichtigen Messe gedacht. Dies bietet sich vor allem für Firmen an, die eindrucksvoll repräsentieren möchten, ist aber naturgemäß um ein Vielfaches teurer.

Umsetzung: Experte oder Eigenbau?

Produzierende Unternehmen, die eigene Handwerker und Techniker beschäftigen, können den Standbau durchaus selbst übernehmen. Das erscheint zunächst als preisgünstig, weil keine externen Berater bezahlt werden müssen. Die Eigenbau-Strategie kann sich aber als Bumerang erweisen: Erstens muss der Betrieb die nötigen Kapazitäten frei haben, sonst fallen Mitarbeiter fürs Tagesgeschäft aus, weil sie am Stand arbeiten. Und weil der Standbau zweitens selten zur Kernkompetenz des Unternehmens gehört, wirken selbstgebaute Stände oft hausbacken und wenig repräsentativ. Die Kosten an Personal, Material und Zubehör sind für Messe-Neulinge zudem nur schwer zu kalkulieren. Und: Unternehmen, die sich einen eigenen Stand anschaffen (ob selbstgebaut oder nicht), müssen ihn zumindest vor der Messe irgendwo lagern.

Die meisten Aussteller fahren deshalb besser mit externen Profis. Sie können zum Beispiel eine Messebaufirma beauftragen, die Entwurf, Planung sowie Auf- und Abbau routiniert erledigt. Viele Messeveranstalter bieten die Vermittlung von Standbauern an, eine Suchmaschine für Messebaufirmen gibt es unter www.famab.de, der Internetseite des Fachverbands der Standbauer.

Auch Rundum-Sorglos-Pakete der Messebau-Firmen haben allerdings ihre Nachteile: Häufig greifen die Profis in ihren Systembaukasten und bieten Stand-Module an, die sie bevorzugt verwenden. Das macht es Unternehmern schwer, ihre Sonderwünsche bei der Gestaltung durchzusetzen – vor allem kleinere Kunden geraten so leicht an eine 08/15-Lösung. Außerdem ist für den Auftraggeber nicht immer durchsichtig, was die einzelnen Teilleistungen gekostet haben.

Einen Kompromiss zwischen individuellen Wünschen und professioneller Beratung bieten spezialisierte Messebau-Architekten. Diese beauftragen ihrerseits entweder eine Messebaufirma oder aber ein Handwerker-Team. Der Architekt verfügt über die nötige Marktübersicht, koordiniert die Beteiligten und fungiert als Ansprechpartner für den Kunden. Architektenverträge sind zwar nicht ganz billig, dafür stimmen Gestaltung und Aufwand, die Kosten lassen sich besser steuern. Eine Übersicht über Messe-Architekten hält ebenfalls der Messebauer-Verband FAMAB in seinem Forum Design und Architektur bereit: www.famab.de/fda/home.html.

Planung: Säulen nicht vergessen

Stehen die Verantwortlichen fest, geht es an die konkrete Planung des Standes. Als erstes prüft der Standplaner möglichst alles, was ihn einschränkt. Stören an der zugewiesenen Stelle Säulen oder die Aufbauten von Nachbar- bzw. Partnerständen? Welche Vorgaben machen die Veranstalter, was die Bauhöhe des Standes und die Abstände zu anderen Ständen angeht? Auch professionelle Standbaufirmen sind immer wieder im letzten Moment gezwungen, ihre monatelang ausgetüftelten Planungen über den Haufen zu werfen, weil ihnen erst zwei Tage vor Messebeginn klar wird, dass eine Traverse im Weg ist.

Auf dem Hallenplan, meist nur ein Grundriss aus der Vogelperspektive, sind solche Hindernisse nämlich oft nicht zu erkennen. Der Standplaner – ob im eigenen Haus oder bei einem Dienstleister – sollte die Gegebenheiten vor Ort deshalb von Anfang an möglichst genau kennen. Idealerweise macht er sich also die Mühe und schaut sich den Standplatz vor Ort an, etwa während einer anderen Veranstaltung. Bei den meisten deutschen Messen sollte dazu eine Tagesreise genügen. Ansonsten geben die Projektteams der Messegesellschaften für einzelne Messen Auskunft. In den Ausstellerinformationen und im Service-Heft des Messeveranstalters finden sich die wesentlichen Bauvorschriften.

Auf jeden Fall zu klären

- **Bauliche Bedingungen**
  Wo sind die Versorgungsleitungen (Wasser, Strom, Telekommunikation) verlegt? Wie weit können Aufbauten nach oben ragen? Sind Säulen oder Traversen im Weg? Wie groß müssen die Abstände sein? Gibt es Einschränkungen beim Material – etwa wegen Brandgefahr?

- **Technische Bedingungen**
  Welche Sicherheitsmaßnahmen müssen für Stromanschlüsse, Gas, Wasser oder Druckluft erfüllt werden? Welche Möglichkeiten existieren für Telefon-, Fax- und Internetanbindung? Was muss für den Brandschutz getan werden?

- **Richtung des Besucherstroms**
  In welcher Richtung bewegen sich die Besucher vornehmlich am Stand vorbei? Wo liegen die Halleneingänge? Wer sind die Standnachbarn und welche Aufbauten planen sie?

- **Platzbedarf und Grundfläche**
  Stimmt die nun verfügbare effektive Grundfläche noch mit dem errechneten Platzbedarf überein? Wer hier zu viele Abstriche macht, kann in der Regel die Fläche und den Mietpreis nachverhandeln.

Konzeption: Der passende Grundriss

Ein Messestand besteht aus verschiedenen Kommunikationszonen. An der Front, also der zum Gang hin offenen Flanke, präsentiert der Aussteller sein Unternehmen und seine Leistungen – und zwar im Idealfall so klar und reduziert, dass auch vorbeischlendernde Zufallsbesucher mit wenigen Blicken erfassen können: WER stellt dort aus? WAS sind seine Kernkompetenzen und Neuheiten? WO kann ich mich gegebenenfalls tiefergehend informieren?

Dazu geht die erste Kommunikationszone in eine zweite über, in der Gespräche mit dem Standpersonal stattfinden, zum Beispiel an Informationstischen oder Countern. Dahinter befindet sich eine Zone für vertrauliche Gespräche, danach folgt der Funktionsbereich – mit Lager, Büro, Küche.

Die Kommunikationszonen

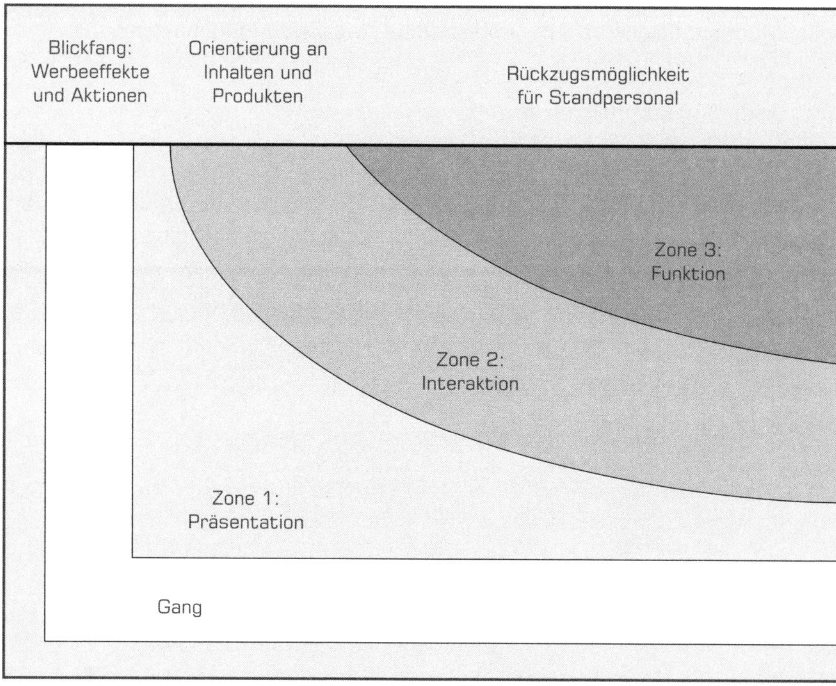

In Anlehnung an Huckemann, Seiler, Ter Weiler (2005)

Anhand dieser Systematik lassen sich typische Grundrisse für die verschiedenen Standformen entwickeln. Wichtig dabei ist stets der Gedanke, den Besucher von außen nach innen zu führen, in den Stand hinein – und damit gleichzeitig von der oberflächlichen ersten Aufmerksamkeit, über das Interesse am konkreten Produkt hin zum verbindlichen Gespräch unter vier Augen mit dem Vertriebsmitarbeiter oder Geschäftsführer.

In der ersten Zone (Präsentation) benötigt der Stand deshalb einen Blickfang, der die Aufmerksamkeit der Besucher auf und ins Standinnere lenkt. Dazu kann gerade bei kleinen Ständen ein zentrales Element dienen, das die Produkte gleich mitpräsentiert: Ein Fliesenhersteller etwa baut eine spektakuläre begehbare „Welle" auf, die von außen und innen mit den Badezimmerkacheln des Hauses bedeckt ist. Ein Teppichhersteller stellt ein Aluminium-Gerüst hin, auf das seine Teppichmuster geklebt sind.

Kluge Planer beziehen beim offenen Standbau auch die Umgebung mit ein: Kleine Stände wirken gleich um ein Vielfaches größer, wenn sie optisch in den Gang übergehen. Warum zum Beispiel nicht die Beratungstische direkt an die Ecken der Standfläche bauen – und so den Gang gleich mitbenutzen?

Typische Grundrisse

Reihenstand

Die zum Gang hin offene Seite wirkt wie eine Theaterbühne – ähnlich ist in der Regel auch der Stand aufgebaut: Vorne lenkt der auffällige Blickfang das Interesse

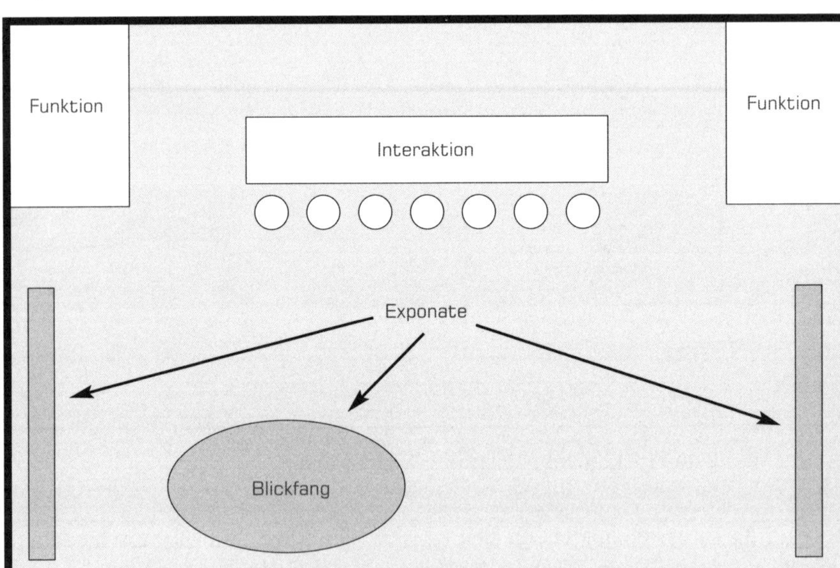

der Besucher auf den Stand. Wenn die Exponate entlang der Seitenwände des Standes ausgestellt werden, wandert der Blick der Besucher automatisch ins Innere. Weiter hinten bleibt Platz für Gespräche und Funktionsräume.

Eckstand

Von zwei Hallengängen umgeben, bietet sich der Eckstand für diagonale Grundrisse an. Einer der beiden angrenzenden Gänge ist meist stärker frequentiert als der andere. Zu dieser wichtigen Gang-Front hin weist demnach der Blickfang. Gleichzeitig lassen sich Exponate als Raumteiler nutzen, die Besprechungs- und Funktionsbereiche abschirmen.

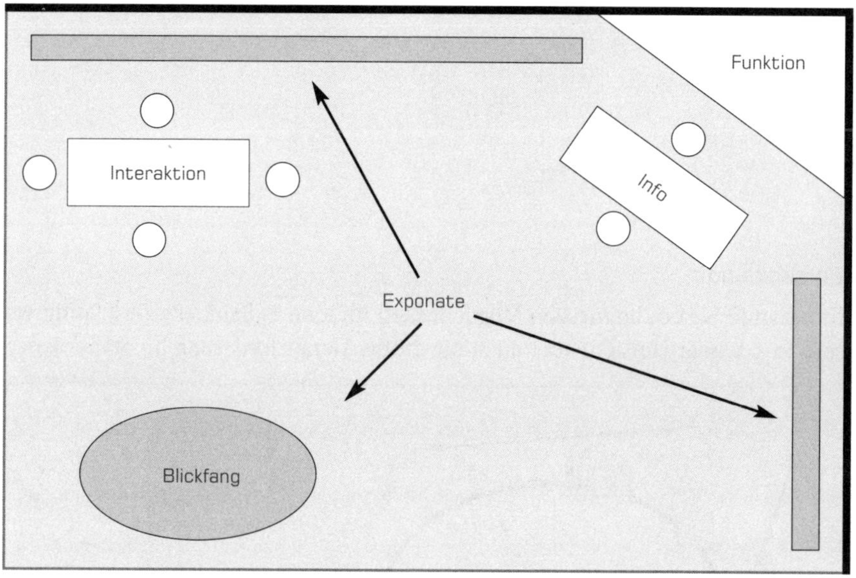

Kopfstand

Weil er nur noch eine feste Seite hat und ansonsten von Gängen eingerahmt wird, ist beim Kopfstand die Rückwand meist der einzige Platz für Funktions- und Servicebereiche. Um den Stand zu strukturieren und Besuchern Orientierung zu bieten, teilen viele Aussteller Kopfstände mit eigenen Trennelementen auf: Durch Stellwände, Empfangstheken oder die Exponate selbst. Infocounter filtern den Besucherstrom und leiten ihn gezielt über eine bestimmte Flanke ins Innere des Standes. Die anderen Seiten haben nach außen hin die Funktion von Schaufenstern.

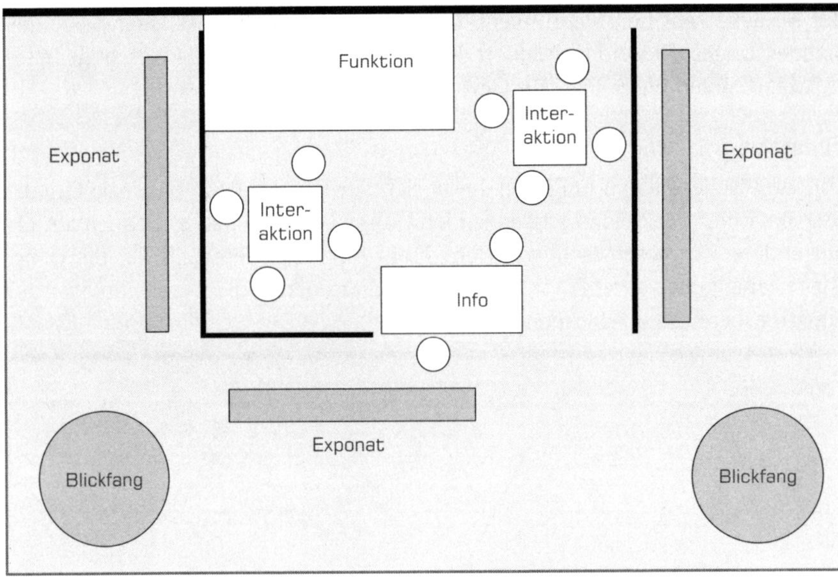

Einzelstand

Inselstände bieten die meisten Möglichkeiten für eine individuelle Gestaltung, sie sind in gewisser Hinsicht aber auch die größte Herausforderung für Standplaner.

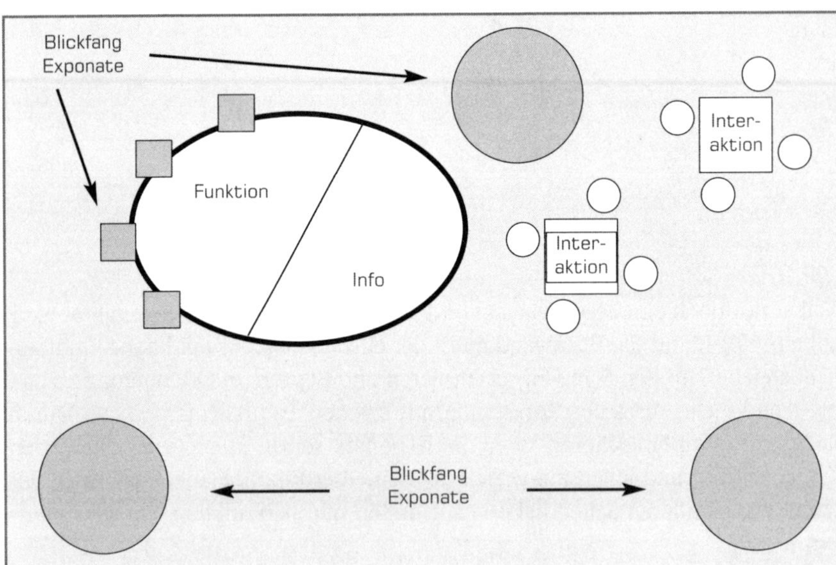

Es gibt keinen Standard-Grundriss. In jedem Fall bietet sich wie beim Kopfstand eine Kombination aus offenen und geschlossenen Bereichen an. Von allen Seiten lenken Eyecatcher Besucher auf die Standfläche, runde Formen machen den Empfangs- bzw. Infobereich möglichst allseits zugänglich. Exponate und Besprechungsbereiche sind in diesem Beispiel auf der Fläche verstreut – häufig bringen Aussteller mit Einzelständen diese auch abgeschirmt im Standzentrum unter. Oder errichten sogar mehrgeschoßige Gebäude auf dem Stand.

▮ ***Buchtipp:***
Weitere Informationen zu den Grundrissen kleiner Stände finden sich in dem Buch „Big Ideas for Small Stands" von Ingrid Wenz-Gahler, Alexander Koch Verlag, 2002.

Gestaltung: Das richtige Design

Messestände dienen der Inszenierung des Unternehmens, seiner Marke und seines Könnens. Deshalb sollten Farben und Material auf das Erscheinungsbild des Ausstellers abgestimmt sein. Der Besucher sollte das Unternehmen darin wiedererkennen.

Wichtig: Besucher nehmen Messestände von Weitem als zweidimensionale Front wahr. Markenbotschaften und Logos, die über Kopfhöhe angebracht sind, wirken so besonders tief in die Halle hinein. Wenn der Besucher direkt vor dem Stand steht, konzentriert er sich dagegen auf Informationen in Augenhöhe. Dementsprechend teilen Messedesigner den Stand in verschiedene Ebenen auf, die Markenarchitekten wie der Berliner Dan Pearlman die „Wahrnehmungs"- oder „Kommunikationsebenen" nennen.

1. **Bodenebene:**
   In Bodennähe platzieren Standplaner keine Informationen oder Markenbotschaften, sondern Markierungen und Wegweiser.
2. **Informationsebene:**
   Hier werden die Inhalte der Standpräsentation gezeigt: Produkte, Bilder, Grafiken und Texte. Der Besucher hat die wichtigsten Daten damit auf Augenhöhe direkt im Blickfeld. Auch Empfangstheken und Stehtische für direkte Kontakte gehören optisch zur Informationsebene.
3. **Themenebene:**
   Über den Köpfen der Besucher und oberhalb der Exponate beginnt die Fernwirkungszone. Auf der Themenebene bringen Aussteller kurze, einfache Botschaften unter, zum Beispiel Rubriken für einzelne Bereiche des Standes.

4. **Signalebene:**
   Diese Zone ist für die Markenpräsentation reserviert und lässt das Firmenlogo in den Gang hinein leuchten.
5. **Decke:**
   Je nach Kommunikationsziel schließen obere Begrenzungen wie abgehängte Stoffsegel den Stand ab. Auf jeden Fall geben Licht-Spots auf der Deckenebene dem Stand Struktur und Atmosphäre.

Die Wahrnehmungsebenen

Ansprache: Show statt Schaukasten

Auf Messen geht es nicht darum, potenzielle Kunden mit möglichst vielen Informationen zu füttern. Dazu sind sie sogar denkbar ungeeignet: Besucher müssen schließlich in kürzester Zeit unzählige Begegnungen, Hinweise und Eindrücke verarbeiten, die völlig unsortiert auf sie einstürmen. Ginge es um die reine Informationsvermittlung, könnten Interessierte sich per Internet oder Fachmedien gezielter und effizienter kundig machen.

Messen haben eine andere große Stärke: Sie sind ein soziales Medium, und Aussteller finden hier die einmalige Gelegenheit, potenzielle Kunden persönlich und emotional anzusprechen. Leider füllen viele Unternehmen ihre Stände stattdessen mit möglichst vielen Produkten und Schautafeln – flankiert von einem Broschürenständer mit fünf Drucksachen zu jeder Schraube. Dabei nehmen die meisten

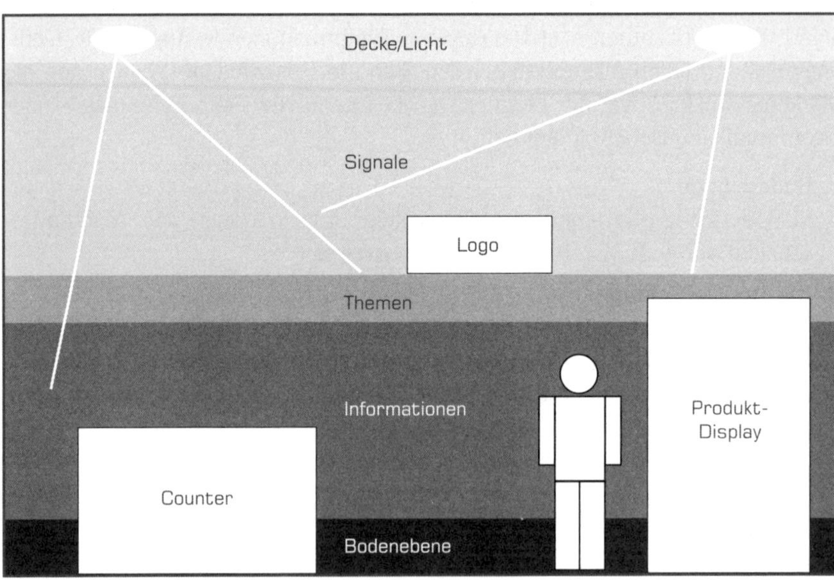

Menschen – zumal im „Information Overkill" der Messe – Neuigkeiten überhaupt nicht rational auf. Das Resultat: Der Stand liefert pure Informationen, die nicht faszinieren. Ein Messeauftritt sollte aber genau das.

Weniger ist mehr

Der übliche Berg von Datenblättern, Imagebroschüren oder Mappen sieht nicht nur unvorteilhaft aus. Er kann Besucher sogar verunsichern: Was ist wichtig? Fehlen mir Informationen, wenn ich diese Broschüre nicht auch noch einstecke? Gut organisierte Messeteams antworten auf die wesentlichen Fragen, auch ohne Blick in die Unterlagen. Sie ziehen die gedruckten Hintergrundinfos erst auf Anfrage aus der Schublade oder bieten an, sie dem Gast nachzusenden.

Spielen macht aufmerksam

Messestände, bei denen ein einzelnes Produkt spektakulär in Szene gesetzt wird, erregen mehr Aufmerksamkeit als solche, bei denen das ganze Sortiment in der Auslage deponiert ist. Dabei gibt es eine simple Grundregel: Wer einfache Produkte wie Möbel, Textilien oder Federn anbietet, baut sie zum Beispiel überlebensgroß auf oder fertigt Teile des Stands selbst mit dem betreffenden Material. Komplexe technische Produkte, die ohnehin oft erklärungsbedürftig sind, werden in Live-Präsentationen eingebaut.

Am besten funktionieren diese Präsentationen, wenn Besucher durch Spiele zum Mitmachen animiert werden. Der Sägen-Hersteller zeigt die Leistungsfähigkeit seiner Produkte in einem Säge-Wettbewerb, ein Maschinenbauer stellt mit seiner automatischen Fräse Modellautos her. Das funktioniert selbst bei abstrakten Dienstleistungen: Auf der Computermesse CeBIT präsentierte das IT-Systemhaus T-Systems 2006 sein Leistungsportfolio mit einer interaktiven Animationsgrafik: Ein berührungsempfindlicher Tisch und ein Videoprojektor wurden zu einem spektakulären horizontalen Touchscreen. Auf dem liefen dann eigens produzierte Animationsfilme über unterschiedliche T-Systems-Produkte.

Mit solchen Spielereien erfahren Messegäste sinnlich, was ein Unternehmen kann. Das ist nicht nur unterhaltsamer als Referate und Schaubilder, sondern transportiert auch die gewünschten Informationen besser.

Atmosphäre für den Abschluss

Wer Besucher zu Interessenten und Interessenten letztlich zu neuen Kunden machen möchte, tut gut daran, auf dem Stand eine angenehme Atmosphäre zu schaffen, in der man sich gerne aufhält. Simple Dinge wie ein guter Kaffee und bequeme Sessel in einer ruhigen Ecke des Standes bewegen Besucher zum Bleiben. Nicht umsonst gehen viele große Aussteller inzwischen sogar dazu über, geschlossene Lounges auf ihren Ständen zu errichten, die sie zudem mit einer Klimaanlage ausstatten. Im Trubel der Messehallen kann das für den gestressten Besucher eine Wohltat sein.

ZUSAMMENFASSUNG

Ziel

Messestände dienen als **Basislager** für den eigenen Messebesuch, als **Empfangszone** für Besucher und potenzielle Kunden sowie als **Schaufenster** für das breite Publikum. Am Ende soll das Unternehmen mit seinen Produkten **bekannter sein**, der Stand möglichst **Zufallsbesucher** angezogen haben. Auf jeden Fall müssen Stammkunden und Geschäftspartner gerne kommen und sich **wohl fühlen**.

Aufgabe

Aussteller müssen gleichzeitig **Aufmerksamkeit erregen**, **Gesprächsanlässe schaffen** und Raum für die **Geschäftsanbahnung** vorhalten. Dabei sind sie häufig **bei Standort und Standgröße eingeschränkt** und sind zudem oft auf mehreren Messen präsent. Besucher, die mit einer Fülle von Informationen konfrontiert werden, reagieren stärker auf **klare Markenbotschaften** und **intelligent inszenierte Produkte**.

Strategie

Unternehmer wählen den Standplatz im Hinblick auf die wahrscheinlichen **Besucherströme** und klären möglichst frühzeitig weitere **limitierende Faktoren**. Je nach Unternehmensgröße und Messe-Erfahrung entscheiden sie über **Kauf- oder Mietstand**, bauen den Stand selbst (**Eigenbau**) oder beauftragen einen **Dienstleister**. Der Aufbau des Standes berücksichtigt die **Bedürfnisse des Besuchers**, der in den Stand hineingelenkt werden will. Der Stand **inspiriert statt nur zu informieren**, und Aussteller legen Wert auf eine **gute Bewirtung**.

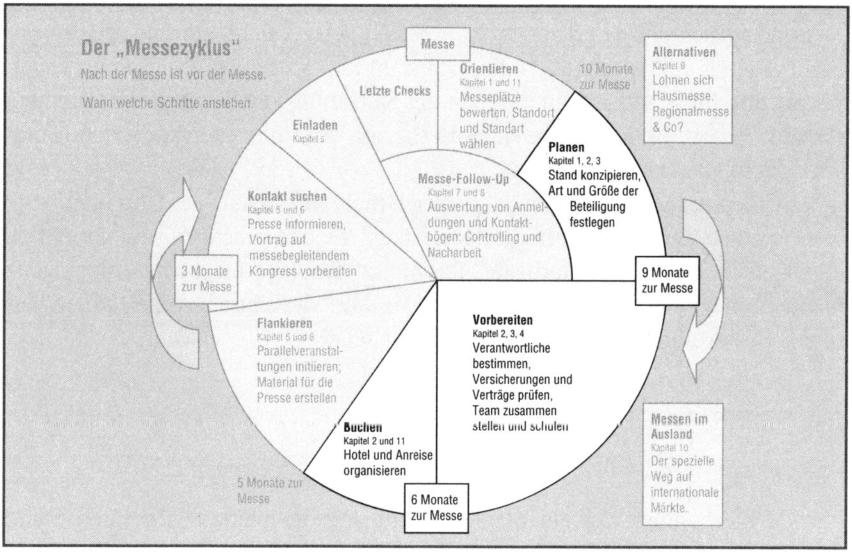

Kapitel 2

Personal: Wer an den Stand gehört

Die Zeiten, in denen Messebeteiligungen einem großen Betriebsausflug glichen, sind längst vorbei. Vielmehr muss sich die Personalplanung auf der Messe heute wie jede andere maßgebliche unternehmerische Entscheidung nach den Paradigmen Kostendruck und Rationalisierung richten. Das Ergebnis sieht meist so aus: Wer nicht unbedingt gebraucht wird, bleibt in der Firma.

So steht schließlich oft der Chef allein am Stand, unterstützt vom Marketing- oder Vertriebsleiter, zudem ist eventuell noch eine Assistenzkraft mitgereist. Die dünne Personaldecke senkt schließlich, so mag manch einer denken, die Kosten der Beteiligung auf ein Minimum: Gehalt, Ausgaben für Reisen und Übernachtungen, Spesen und Verpflegung – mithin die größten Posten auf jeder Messerechnung – bleiben im Rahmen.

Andererseits sollte klar sein: Personal ist auf der Messe nicht das schöne Extra zum opulenten Stand und hochglänzenden Prospekten, sondern die wichtigste Voraussetzung für eine erfolgreiche Präsentation. Denn erst die Möglichkeit, mit Menschen ins Gespräch zu kommen, die genau aus diesem Grund die Veranstaltung besuchen, unterscheidet Messen von allen anderen Marketinginstrumenten.

Je dünner die Personaldecke vor Ort ist, umso wichtiger wird es, die Verantwortlichkeiten aller Einsatzkräfte vor, während und nach der Messe zu klären.

Grundsätzlich gilt: Am Stand ist Kompetenz gefragt. Fehlt ein Entscheider, der Fachbesucher auf Augenhöhe informieren und im Extremfall auch bis zu einem Vertragsabschluss verhandeln kann, ist der Nutzen für die Beteiligten stark eingeschränkt. Selbst die charmanteste Hostess kann am Ende eben nicht den Handschlag vom Chef ersetzen.

Für Unternehmer stellen sich daher gleich mehrere Fragen: Wer fährt überhaupt über welchen Zeitraum mit in die Messestadt? Welche Aufgaben sind vor Ort zu erledigen und welcher Mitarbeiter übernimmt sie? Wie macht man die eigene Mannschaft zu guten Standmitarbeitern? Wo lohnt der Einsatz von externem Personal? Und wo findet man die zusätzlichen Kräfte?

VOR DER MESSE

Personalplanung: Die Grundanforderungen

Bevor Unternehmer sich an die detaillierte Personalplanung für ihren Stand machen, sollten sie vier Faktoren im Blick haben. An diesen Grundüberlegungen kommt kein Messeteilnehmer vorbei:

1. **Pflichten als Aussteller**
   Veranstalter verpflichten Aussteller regelmäßig, ihren Stand während der Öffnungszeiten durchgehend besetzt zu halten. Dadurch ist eine Ein-Mann-Besetzung nahezu unmöglich.
2. **Kompetenz für die Akquise**
   Messebesucher, darunter mögliche Kunden oder auch Vertriebspartner, wollen während der Veranstaltung in der Regel relevante Gespräche führen. Und dazu brauchen sie kompetentes und entscheidungsfähiges Personal am Stand. Ist der Chef also persönlich nicht vakant, sollte zumindest eine zweite Person mit Vertretungsvollmacht anwesend sein.
3. **Outsourcing zur Kostensenkung**
   Wer Personal sparen will, kann auf ein breites Angebot von Dienstleistern zurückgreifen. Vor allem für messetypische Abläufe, die im eigenen Unternehmensalltag sonst keine Rolle spielen, lohnt sich der Einsatz von externen Kräften. Dazu zählt vielfach Personal für den Transport größerer Messeexponate, für den Auf- und Abbau, Empfang, Bewirtung oder auch einfache Sekretariatsleistungen. Veranstalter und Hallenbetreiber vermitteln in der Regel qualifiziertes Personal auch für spezielle Anforderungen, wie zum Beispiel Dolmetscher.

4. **Grundversorgung für die Zentrale**
Nicht vergessen: Auch in der Unternehmenszentrale sollte während der Messe ein kompetenter Ansprechpartner verbleiben, zumindest aber eine Kraft, die Anfragen entgegennehmen und weiterleiten kann. Schließlich wollen bestehende Kunden ebenso bedient werden wie zum Beispiel Medienvertreter, die im Vorfeld und während der wichtigsten Leitmessen besonders häufig in den ausstellenden Branchen recherchieren (siehe Kapitel 5 „Medien und Marketing").

Das Kernteam: Schlüsselressorts selbst besetzen

Die Spitzenkräfte eines Unternehmens bilden das Kernteam eines Messeauftritts. Es lohnt sich, die für die Messe verantwortlichen Mitarbeiter frühzeitig zu bestimmen und einen festen Planungsstab für den gesamten Messezyklus festzusetzen. Das schafft Vertrauen und Synergien, weil jeder die Stärken und Schwächen der Kollegen kennt, wenn auf dem Stand unvorhergesehene Situationen zu bewältigen sind.

Die wichtigsten Mitarbeiter im Planungsstab sind:

- **Chefetage:** Die Führungsebene im Unternehmen kommt am Messeauftritt keinesfalls vorbei: Einzelunternehmer, Freiberufler und alleinige Geschäftsführer müssen in jedem Fall über den gesamten Messezeitraum auf dem Gelände präsent oder zumindest in der Nähe und jederzeit erreichbar sein. Geschäftsführer- und Vorstandteams können die Präsenz untereinander aufteilen. Die wichtigste Funktion im Planungsstab rund um die Messe sollte in der Auswahl der Mitarbeiter sowie der Koordinierung aller Aufgaben und Verantwortlichkeiten liegen. Darüber hinaus übernimmt die Chefetage die Etatverantwortung, mithin häufig auch die Buchung von Reisen und Unterkünften. Zudem liegt die Pressearbeit regelmäßig in der Geschäftsführung.
- **Vertrieb:** Unabdingbar ist auch die Einbindung des Vertriebs – denn diesem Schlüsselressort arbeitet ein Messeauftritt schließlich in erster Linie zu. Am Stand gefragt sind vertriebsorientierte Produktspezialisten, je nach Ausrichtung der Veranstaltung zudem solche mit regionaler Anbindung – mithin die erfahrendsten und loyalsten Mitarbeiter der Abteilung. Gestandene Verkäufer tragen schließlich als Frontarbeiter die Hauptlast der Kundenpflege und Akquise auf der Messe. Im Planungsstab sollte der Vertrieb als zentraler Messeakteur in der Regel die operative Leitung für das Gesamtprojekt sowie die Standleitung innehaben: Dazu zählt insbesondere die Verantwortung für die Messeanmeldung, Einladungen, Begleitprogramme für Messegäste, logistische Fragen, Personaleinsatzplanung und Organisatorisches vor Ort.

- **Marketing:** Ob das Marketing während des Auftritts vor Ort sein muss, hängt von der Struktur und dem Schwerpunkt des ausstellenden Unternehmens ab. In jedem Fall sind Marketing-Mitarbeiter im Vorfeld der Messe gefragt: Sie planen die werblichen Ziele und Maßnahmen während der Messe, bereiten das wichtigste Informationsmaterial aktuell auf, gestalten die Standpräsentation mit und liefern teilweise auch Dekorationen und Standbauteile. Insofern liegt beim Marketing in der Regel neben der Werbung auch die Verantwortung für Standgestaltung und Standbau – zumeinst in enger Absprache mit Einkauf und Vertrieb. Sinnvollerweise gehört zur Standorganisation bei Fremdbauten eine Abnahme spätestens am Vorabend der Messe. Zusätzlich empfiehlt sich ein letzter Kontrollrundgang direkt vor Messebeginn.

Das Standpersonal: Gezielte Auswahl, genaue Einsatzplanung

Steht das Kernteam fest, geht es an die Auswahl der Unternehmens-Vertreter für den Stand: Hierzu bietet sich häufig an, eigene Mitarbeiter und angeheuerte Messekräfte zu mischen – um so das Wissen rund um den Betrieb mit der Erfahrung gestandener Präsentatoren und Hostessen zu verknüpfen. Die gemischten Teams lernen im Idealfall voneinander.

Zunächst ist daher zu klären, ob sich eigene Mitarbeiter besonders gut für die Messebegleitung eignen. Zuallererst ist dabei Kondition und Belastbarkeit gefragt, denn die Beschreibung „Standarbeit" ist durchaus wörtlich zu nehmen. Zweites Kriterium sollte die Motivation sein: Messen dauern schließlich oft drei, vier Tage oder sogar länger – da hilft es, Personal auszusuchen, das bereit und in der Lage ist, sich über das alltägliche Maß hinaus zu engagieren. Chefs, die das besonders honorieren, eventuell auch mit zusätzlichen Incentives wie Sonderurlaub, können im Laufe der Jahre regelrechte Messefans gewinnen. Wer dagegen den Stress am Stand nicht gut verkraftet, ist in der Firma besser aufgehoben – auch das sollten Chefs deutlich kommunizieren.

EXKURS: Kostentreiber Übernachtung

Wer Nutzen und Kosten eigener und fremder Mitarbeiter vergleichen will, muss abwägen: Einerseits sind eigene Leute unersetzlich, wenn es um Fachwissen, Kenntnisse der Betriebsinterna und den geschlossenen Auftritt im Sinn des Unternehmens geht. Andererseits entstehen beim Einsatz eigener Kräfte neben dem laufenden Personalaufwand unter Umständen hohe Reise- und Übernachtungskosten.

Denn nach wie vor erhöhen viele Hoteliers zu Messezeiten kräftig die Preise. Auch wenn in jüngerer Zeit Hallenbetreiber an einigen Standorten besondere Abkommen mit den örtlichen Herbergen getroffen haben, um die Preise im Rahmen zu halten, müssen Gäste in normalen Vier-Sterne-Businesshotels größerer Messestädte teilweise immer noch Zimmerpreise weit über 200 Euro pro Nacht zahlen.

Wer möglichst günstig übernachten will, sollte vier Möglichkeiten prüfen:

Konsequent vergleichen

Hotelpreise variieren je nach Anbieter oft deutlich. Nicht immer ist die direkte Buchung des Hotels am günstigsten – wer über Internet bucht, bekommt allerdings mittlerweile bei vielen großen Ketten eine Bestpreisgarantie. Unbedingt prüfen sollte man immer auch die Preise der großen Hotelportale im Internet (z.B. www.hotel.de; www.hrs.de): Dort stehen die Hotels im direkten Preisvergleich und gewähren deshalb häufig Rabatte oder locken Kunde mit kleinen Extras. Eine Nachfrage wert sind zudem die Agenturen der Messeveranstalter oder deren Vermittlungsbüros sowie die Zimmervermittlungen der Städte. Dort gibt es häufig Spezialangebote im Paket. Unternehmen, die größere Zimmerkontingente buchen, kommen oft günstiger weg – hier wiederum lohnt sich die Verhandlung direkt mit dem Hotel.

Einfaches Zimmer buchen

Wer auf den Komfort eines Geschäftshotels verzichtet, kann bei Tourismus- und Kongress-Büros in den Städten nach einfachen Pensionen oder regelrechten Messezimmern fragen, die teilweise auch von privater Hand angeboten werden. Damit lassen sich die Kosten teilweise massiv senken.

Schwimmende Betten

Zu Messezeiten treibt vor allem das vergleichsweise knappe Zimmerangebot die Preise in die Höhe. Anbieter von Hotelschiffen machen sich das mittlerweile zunutze und halten zu Messezeiten an Stegen in den Innenständen, vor allem am Rhein und Main. Teilweise vermitteln die Messen selbst die schwimmenden Betten, teilweise muss man selbständig im Internet auf die Suche gehen, um die Angebote zu finden.

Einpendeln

Ein mittlerweile ebenfalls etablierter Trick, um überteuerte Hotels zu umgehen, ist die Zimmermiete in Nachbarstädten oder an einem günstigen Ort entlang öffentlicher Verkehrswege. Zur Weltausstellung auf dem Messegelände in Hannover im Jahr 2000 warben so Wolfsburg und selbst Berlin um Pendler, die per ICE direkt bis vor den Eingang fahren konnten. Manche Hotels bringen ihre Gäste auch per Bus-Shuttle zur Messe – alternativ lässt sich ein solcher Transfer verhältnismäßig preiswert selbst organisieren.

Externes Personal

Trotz allem: Eigenes Personal mit zur Messe zu bringen, ist teuer. Viele unterstützende Funktionen lassen sich extern einkaufen: Die Arbeitsagenturen, Zeitarbeitsfirmen, auf Messen spezialisierte Personalvermittler und an den Hallenstandorten fest platzierte Dienstleister bieten ein breites Personal-Angebot für Hilfstätigkeiten oder spezielle Aufgaben auf der Messe.

Erster Ansprechpartner für die Personalvermittlung ist der **Veranstalter**: Viele Messemacher unterhalten eigene Servicetöchter mit Vermittlungsdiensten oder kooperieren mit ortsansässigen Firmen. Zudem wissen sie in der Regel auch am besten, welche anderen Anbieter sich am Standort und in der Branche besonders bewährt haben.

Eine zweite Anlaufstelle ist die zuständige **Arbeitsagentur**: Die Behörden sind in allen großen Messestädten mit eigenen Filialen am Gelände vertreten und führen oft mehrere Tausend Bewerber für Messejobs in ihren Karteien: meist Studenten oder Hausfrauen, die sich als Aushilfe etwas hinzuverdienen wollen. Wer Fachleute mit außergewöhnlichen Qualifikationen braucht, sollte spätestens sechs Wochen vor Messestart anfragen; Allround-Mitarbeiter gibt es oft auch kurzfristig. Die Arbeitsagenturen vermitteln die Kontakte, die Honorar- und Vertragsverhandlungen führen Arbeitgeber dann direkt mit den Kandidaten. Vorteil: Aushilfen, die Unternehmen über diesen Vermittlungsweg gewinnen, sind häufig über längere Zeit ortsgebunden – und lassen sich so bei Folgemessen auf direktem Weg schnell wieder engagieren.

Drittens lohnt es sich, mindestens ein zusätzliches Angebot von einem **überregionalen Anbieter** einzuholen: Neben den großen Zeitarbeitsfirmen, die bundesweit Filialen unterhalten (Adecco, Manpower, Persona, Randstad etc.) sind auch Spezialisten wie Hostessen-Services, Cateringdienste oder Übersetzungsbüros aktiv. Meist sind die Zeitarbeiter teuer, aber je nach Zeitpunkt und Umfang einer Anfrage können die Preisunterschiede erheblich sein. Wer verhandelt, hat zudem teilweise auch Chancen auf Rabatte.

Eine Datenbank mit Anbietern gibt es im Internet beim Bundesverband Personalvermittlung e.V. (www.bpv-info.de)

Die wichtigsten Messefachkräfte im Überblick

Standbauhelfer

- **Aufgaben:** Sie erledigen den Auf- und Abbau des Messestands. Kraft und handwerkliches Können sind Voraussetzung, Sorgfalt ein seltenes, aber durchaus wertvolles Zusatzkapital. Die Auf- und Abbauzeiten sind vom Veranstalter festgelegt und zusätzlich von den Anlieferungsfristen abhängig, die Abrechnung erfolgt entsprechend nach Stundenlohn. Standbauhelfer sind in der Regel ungelernte Hilfsarbeiter.
- **Vermittlung:** Die Vermittlung läuft in der Regel problemlos auch kurzfristig über die Arbeitsagenturen bzw. die Messegesellschaften vor Ort.
- **Kosten:** Je nach Region, Anbieter und Erfahrung kosten Standbauhilfen acht Euro (ungelernte Kräfte) bis 25 Euro (Facharbeiter) pro Stunde. Auch wenn die Standbauer versichert sind: Wer filigrane Ware oder wertvolle Exponate aufbauen lässt, sollte besser geschulte Kräfte einsetzen.

Hostessen

- **Aufgaben:** Sie empfangen Gäste, sorgen für Service und gute Stimmung. Servicehostessen begrüßen Kunden am Empfang, bewirten Gäste und kümmern sich um Ordnung am Stand. Ihr Preis steigt mit der Qualifikation – vor allem ungewöhnliche Fremdsprachenkenntnisse können schnell teuer werden. Wer Mitarbeiter mit Sprachkenntnissen für wichtige Kundengruppen im eigenen Haus hat, sollte daher genau überlegen, ob es günstiger ist, diese mitzunehmen.
- **Vermittler:** Wer fremdsprachige Hostessen braucht, sollte bei Messen und Arbeitsagenturen mindestens acht Wochen vor der Veranstaltung buchen. Zeitarbeitsfirmen und Spezial-Dienstleister helfen auch kurzfristig, sind dann aber meist etwas teurer.
- **Kosten:** 100 bis 140 Euro Tageshonorar sind für Hostessen von der Messe oder Arbeitsagentur mindestens zu kalkulieren; Zeitarbeitsfirmen verrechnen um mindestens 30 Prozent mehr. Je nach Qualifikation steigt der Preis weiter.

Dolmetscher

- **Aufgaben:** Sie kommen gezielt zum Einsatz, wenn Unternehmer einzelne Gäste oder Kunden empfangen wollen, deren Sprache sie nicht beherrschen – oder bei denen es die Höflichkeit gebietet, einen Übersetzer hinzuzuziehen. Für Verhandlungen sollten diplomierte Dolmetscher engagiert werden, die das relevante Fachvokabular kennen und Verhandlungsstile anderer Kulturen beherrschen.
- **Vermittler:** Veranstalter internationaler Messen sind auf entsprechende Anfragen meist eingestellt und leiten sie an Kooperationspartner weiter. Die Arbeits-

agenturen sind dagegen bei exotischeren Sprachen fast immer überfordert. Eine sichere Adresse sind Spezialanbieter wie der BBK Sprachendienst (www.bbklanguages.com), Macfarlane (www.macfarlane.de), Orbis Sprachdienste (www.orbis-uebersetzungen.de) oder Transline (www.transline.de).

- **Kosten:** Die von der Messe vermittelten Dolmetscher sind meist etwas günstiger als jene von spezialisierten Agenturen – auch hier sollten Firmenchefs frühzeitig anfragen. Im Schnitt sind je nach Sprachkombination und Erfahrung 500 bis 800 Euro pro Tag fällig, bei stundenweiser Buchung rund 60 bis 100 Euro. Simultandolmetscher, die von einer Kabine aus arbeiten, so dass die Gesprächspartner sich „mit Knopf im Ohr" direkt verstehen können, kosten inklusive Technik schnell das Doppelte.

Sekretariat

- **Aufgaben:** Das heimische Sekretariat kann auf der Messe niemand ersetzen – aber für die messetägliche Büroarbeit, wie Visitenkarten und Notizen erfassen, Protokolle tippen, Termine vereinbaren oder Briefe verfassen, bietet es sich eventuell an, stunden- oder tageweise auf Unterstützung vor Ort zurückzugreifen.
- **Vermittler:** Mehrere Messen haben mittlerweile Servicekräfte in einem entsprechend ausgestatteten Business-Center im Einsatz, manche vermitteln auch entsprechend geschulte Hostessen. Da Schreibkräfte zudem zum Repertoire der meisten Zeitarbeitsfirmen gehören, ist auch hier die Buchung kein Problem. Dann braucht es aber eigenes Equipment und einen Arbeitsort, an dem das Personal seinen Dienst verrichten kann – an kleinen Ständen fehlt hier meist der Platz.
- **Kosten:** Einfache Sekretariatsdienstleitungen wie Erfassung oder Schreibarbeiten kann man oft zu festen Sätzen einkaufen. Wer vollen Zugriff auf das Personal haben will, zahlt stunden- oder tageweise. Die Tageshonorare liegen je nach Anbieter, Region, Fertigkeiten und Büroausstattung zwischen 60 und 160 Euro. Zeitarbeitsfirmen bieten Personal ab etwa 150 Euro pro Tag an.

Catering

- **Aufgaben:** Hier kommt zum Personal das Essen dazu – je nach Wunsch für die erweiterte Standverpflegung, den Umtrunk oder den kleinen Empfang vor Messeschluss. Während auf kleinen Veranstaltungen die Standnutzer die Bewirtung meist selbst übernehmen, ist das auf großen Schauen fast immer zu umständlich. In solchen Fällen führt aus logistischen Gründen an den Haus-Catering-Diensten auf dem Gelände meist kein Weg vorbei.
- **Vermittler:** Der Veranstalter bzw. örtliche Restaurateur ist erster Ansprechpart-

ner. Er liefert Speisen und Getränke, Geschirr und Personal, übernimmt Deko-Arbeiten und räumt ab und auf.

- **Kosten:** Der Preis richtet sich nach den individuellen Ansprüchen. So muss man für einen Sektempfang mit Service und kaltem Buffet zwischen 20 und 30 Euro pro Person einkalkulieren, mithin 1.000 bis 1.500 Euro für 50 Personen. Wer ein besonderes Event plant, zahlt entsprechend mehr. So kostet zum Beispiel der Einsatz eines Barkeepers pro Tag schnell 200 Euro oder mehr – zuzüglich der Getränke.

Fahrdienst

- **Aufgaben:** Wer ohne eigenes Auto anreist, ist auf der Messe immobil – das gilt meist weniger für Aussteller als für Gäste aus dem Ausland. Ein Fahrdienst, den man guten Kunden und weit gereisten Besuchern, zum Beispiel für Transfers zum Hotel oder Flughafen, zur Verfügung stellt, kann daher als besondere Geste Verhandlungen oder Sondierungen positiv beeinflussen.
- **Vermittler:** Wer nicht auf ein Taxi zurückgreift – meist die günstigste Lösung –, kann die Fahrbereitschaft von Messegesellschaften und Autovermietungen nutzen, und dort Wagen mit Chauffeur stunden- oder tageweise mieten. Manche Hallenbetreiber erlauben den eigenen Fuhrparks auch die Zufahrt direkt bis vor die Halle, einige haben spezielle Vereinbarungen mit Autoherstellern und bieten Fahrzeuge zu besonders günstigen Konditionen an.
- **Kosten:** Ein Chauffeur mit Wagen kostet je nach Region und Fahrzeugklasse pro Tag im Bereitschaftsdienst rund 350 bis 600 Euro. Als Variante vermitteln manche Gelände auch VIP-Service-Pakete mit Fahrdienst und Begleitung oder sogar Helikopter-Shuttle für den Flughafen-Transfer.

AUF DER MESSE

Wenn die Mannschaft steht: Teamgeist fordern und fördern

Aus dem aus Mitarbeitern rekrutierten Kernteam und dem mit eigenen sowie externen Kräften besetzten Standpersonal entsteht die komplette Messe-Mannschaft. Und diese sollte gezielt auf die wichtigsten Messeziele des Unternehmens eingeschworen werden. Manche Unternehmen setzen dazu einen regelrechten Messekodex ein: Auf einer Karte oder einem Blatt Papier werden die wichtigsten Ansprüche an das Auftreten und Verhaltensregeln für den Stand zusammengefasst – jeder Mitarbeiter bekommt zu Beginn ein Exemplar überreicht (siehe „Messekodex").

Wem schriftliche Regeln zu aufwändig erscheinen, der sollte gleichwohl tägliche, verbindliche Meetings am Stand anberaumen, am besten am Morgen und/oder Abend kurz vor und/oder nach Messeöffnung („Morgenandacht"/„Abendandacht"). Hier lassen sich die Ergebnisse vom Vortag in einer Manöverkritik analysieren, Rückfragen klären und die Ziele für den neuen Tag besprechen.

Dazu gehört in jedem Fall ein akkurater Personaleinsatzplan mit festen Pausenregeln, Ablösungszeiten und Sondereinsätzen. Die Briefings sind aber auch wertvoll für den Austausch ganz praktischer Informationen: So tauchen zum Beispiel immer wieder Fragen zur Infrastruktur auf dem Messegelände auf, die Mitarbeiter können wichtige Telefonnummern austauschen und Fahrgemeinschaften bilden.

Zudem sollte allen Mitarbeiter bekannt sein, welche wichtigen Kunden und Geschäftspartner sich angekündigt haben, woran man sie erkennt und wer sich um sie kümmert. Die kurzen Briefings sollte der Chef selbst oder ein besonders erfahrener Messeteilnehmer aus dem Vertrieb übernehmen.

Alternativ lassen sich auch geschulte Coachs oder Motivationstrainer einschalten, die sich auf Messebeteiligungen spezialisiert haben. Damit solche externen Berater effizient arbeiten können, sollten sie allerdings auch tagsüber präsent sein und die Mannschaft beobachten. Der Vorteil: Sie gelten als neutrale Vermittler und können durch ihre Erfahrung besonders gute Hinweise geben. Die Messen helfen bei der Vermittlung von Kontakten.

Messekodex: Briefing für den Standbetrieb

In den Messekodex gehören Hinweise zur Kleiderordnung und Tipps mit den wichtigsten Dos und Don'ts. So ist es etwa angebracht, Leerlaufzeiten am Stand zu nutzen, um Prospektmaterial aufzufüllen und aufzuräumen. Gerade an kleinen Ständen sollten sich Mitarbeiter nicht zur Entspannung setzen – denn das interpretieren vorbeigehende Besucher als unkommunikative Geste. Auch Standpersonal, das in Gruppen miteinander spricht, wirkt schnell verschlossen und nicht ansprechbar. Die wichtigsten Regeln im Überblick:

Kleiderordnung

Sorgen Sie für einen möglichst einheitlichen, dem geschäftlichen Anlass angemessenen Auftritt aller Mitarbeiter am Stand. Hier haben Sie zwei Möglichkeiten: Einheitliche Bekleidung macht Standpersonal für Besucher besonders schnell identifizierbar. Zudem lässt sich mit besonderer Farbgebung oder einem außergewöhnlichen Stil Aufsehen erzeugen. Manchmal reicht dazu auch schon ein Accessoire, etwa ein Halstuch oder eine einheitliche Krawatte.

Auf jeden Fall sollten Sie aber darauf achten, dass Ihre Mitarbeiter sich wohl fühlen und sich nicht lächerlich vorkommen. Für Messeneulinge, die unsicher sind, empfiehlt es sich, eine Veranstaltung des Vorjahres zu besuchen oder einen erfahrenen Aussteller zu befragen, um ein Gefühl für die Standards zu bekommen. Vor allem auf kleineren Fachmessen ohne privates Publikum ist Einheitskleidung nämlich eher unüblich. Und: Denken Sie daran, die Kleidergrößen des externen Personals frühzeitig zu erfragen, um auch sie mit passender Einheitskleidung zu versorgen.

Weniger aufwändig ist es, jedem Mitarbeiter die Kleiderwahl selbst zu überlassen. Auch dann sollten Sie allerdings mindestens eine grobe Kleiderordnung entwerfen, die den Standard am Stand definiert. So können Sie schon im Vorfeld Unklarheiten ausräumen und geben ein geschlossenes Bild ab. Achten Sie bei der Definition ihrer Standards darauf, dass die Kleidung einigermaßen bequem und nicht zu schick ist: Schließlich müssen Sie selbst und ihre Mitarbeiter den ganzen Tag darin verbringen.

Egal, ob Sie sich für einen einheitlichen Auftritt oder den individuellen Stil entscheiden: In jedem Fall sollten alle Standmitarbeiter ein Schild tragen, auf dem in gut lesbarer Schrift der volle Name steht – nur den Nachnamen zu verwenden wirkt abweisend und bürokratisch. Darunter sollte mit einem möglichst verständlichen Begriff die Funktion vermerkt sein, bei internationalen Messen zusätzlich mindestens in englischer Sprache. Und schließlich sollten die Schilder ein einheitliches Design haben und, soweit vorhanden, das Firmenlogo tragen. Bereiten Sie auch Blanko-Schilder für Fremdpersonal vor, auf denen Sie gegebenenfalls noch kurz vor Messebeginn Namen ergänzen können.

Zumindest die Mitarbeiter, die Kundengespräche führen, sollten Sie außerdem reichlich mit Visitenkarten ausstatten – für internationale Kontakte ebenfalls möglichst in zweisprachiger Ausführung. Da sich die Karten im Verlauf von Messen in aller Regel zum knappen Gut entwickeln, egal wie viele Sie zuvor eingesteckt haben, lohnt es sich, als Reserve einen Stapel Blankokarten mit der Hausanschrift und einer zentralen Telefonnummer am Stand zu deponieren. Im Fall des Falles können Mitarbeiter darauf ihren Namen ergänzen.

Standdienste

Ein Messestand muss durchgehend besetzt sein. Um das zu gewährleisten, sind während der gesamten Öffnungszeit sowie eine Stunde davor und danach mindestens zwei Mitarbeiter zum Dienst vor Ort verpflichtet. Das funktioniert bei größeren Mannschaften erfahrungsgemäß nur mit einem detaillierten Stand-Dienstplan, den man im täglichen Briefing erstellt und dann an einer Stelle aushängt, die alle Mitarbeiter einsehen können. Standschichten, allgemeine Pausenzeiten und Mittagsdienste sollten genau festgelegt und fair unter der Mannschaft verteilt werden.

Daneben liegen regelmäßig besondere Aufträge an, für die es sich lohnt, feste Zuständigkeiten zu verteilen: Ein Mitarbeiter sollte für Sauberkeit und Ordnung am Stand garantieren, dafür sorgen, dass genügend Prospekte, Papier, Snacks und Getränke vorhanden sind, die Technik überwachen und – falls nötig – für Küchendienste und Bewirtung sorgen.

Wichtig ist es zudem, auf eine akkurate Dokumentation aller Gespräche zu achten (siehe Kapitel 4, 7, 8). Dazu sollte ein erfahrener Mitarbeiter ansprechbar sein, der bei der Besuchererfassung und Abfassung von Gesprächsprotokollen helfen kann, die Dokumente sammelt und verwahrt – im Regelfall ist das Aufgabe des Standleiters.

Ein weiterer wichtiger Dienst, den man fest einteilen sollte, ist die Konkurrenzbeobachtung. Schließlich sind Messen ein ideales Forum, um Wettbewerber zu begutachten, Informationen über neue Entwicklungen zu sammeln, mit der Branche ins Gespräch zu kommen oder auch Ideen für den eigenen Messestand zu bekommen. Übrigens: Konkurrenzbeobachtung beginnt am eigenen Stand. Wer Besucher gezielt einlädt, über Stärken und Schwächen des eigenen Angebots gegenüber dem Wettbewerb zu sprechen, gewinnt wertvolle Informationen. Zugleich bietet die Wettbewerbsbeobachtung auf der Messe auch die Chance, gegen Plagiateure vorzugehen (siehe Kapitel 3 „Verträge und Versicherungen").

Falls vorhanden, müssen schließlich auch Telefondienste und die Betreuung von Computern am Stand geregelt werden. Und: Ein fester Ansprechpartner sollte Pressevertreter in Empfang nehmen (siehe Kapitel 5 „Medien und Marketing").

EXKURS: Fahrplan für Besucher

Aussteller auf Messen sind in der Regel auch Besucher – entweder auf der eigenen Schau, zumindest aber auf anderen Branchentreffs. Und so wie eine gute Personalplanung die Voraussetzung für einen erfolgreichen Messeauftritt darstellt, sollten auch Messebesucher sich genau vorbereiten. Denn wer ohne Ziel und festen Plan durch Messehallen rennt, ist am Ende des Tages meist erschöpft, ohne Substanzielles geleistet zu haben. Es empfiehlt sich, einige Wochen vor Messebeginn mit dem Terminkalender in der Hand die wichtigsten Vorbereitungen zu treffen:

Ziele formulieren

Die erste Frage vor der Anreise zur Messe lautet: Was will ich dort überhaupt? Wer zur Konkurrenzbeobachtung anreist oder Netzwerke aufbauen will, verfolgt schließlich ganz andere Ziele als jemand, der ein konkretes Neugeschäft plant. Viele Unternehmer sehen in Messen die wichtigste Chance des Jahres, alle relevanten Marktteilnehmer auf einen Schlag zu sehen – und kommen dann enttäuscht zurück, weil zwar alle da waren, sie aber doch unterm Strich nicht viel herumgekommen sind. Stehen dagegen konkrete Ziele fest, die in einer Checkliste klar formuliert sind, lässt sich nachher leichter überprüfen, ob sich der Messebesuch wirklich gelohnt hat.

Feste Termine machen

Nur wer feste Termine vereinbart hat, kann eine Messe effizient besuchen. Der erste Schritt dazu sind meist unverbindliche Gespräche im Vorfeld der Messe: Dahin gesagte „Sehen wir uns dort?" am Ende von Telefonaten und Einladungsschreiben per Post oder Fax sammeln sich meist über Wochen an – steht dann der konkrete Besuchstermin, lohnt es sich, eine Prioritätenliste zu erstellen. Im nächsten Schritt sucht man im Ausstellerverzeichnis die anvisierten Gesprächspartner heraus und entwirft einen logistisch günstigen Wunschplan – je größer die Messe, desto wichtiger ist es, dabei die Entfernungen mit Blick auf die Hallenpläne und Standnummern zu minimieren.

Etwa zwei Wochen vor Messebeginn ist es Zeit, feste Termine auszumachen. 30 Minuten sollten für Kennenlerngespräche und einfache Produktpräsentationen reichen. Für (Vor-)Verhandlungen ist ein Puffer einzuplanen. Am besten setzt man den Termin spätestens eine Stunde vor Messeschluss an, denn der Zeitplan verschiebt sich erfahrungsgemäß meist ohnehin etwas nach hinten.

Hat ein Aussteller zum angefragten Zeitpunkt keine Zeit, lässt sich vielleicht auch ein Treffen abseits des Standes vereinbaren. Alternativ spricht man sich mit Kollegen und Geschäftspartnern ab, die den Termin stattdessen übernehmen.

Freiräume lassen

Genauso wichtig wie die Termine als Fixpunkte für den Besuch sind Freiräume und Zeitpuffer für weitere Gespräche zwischendurch. Damit genug Zeit für solche spontanen Treffen bleibt, empfehlen Messekenner, vorab über den Tag verteilt nicht mehr als vier halbstündige Termine zu vereinbaren.

Mittagszeit nutzen

Statt in aller Hektik an der Bude ein Würstchen zu vertilgen, empfiehlt es sich, sich für die Mittagszeit zu verabreden. So lässt sich der Lunch einerseits produktiv nutzen – und zugleich in mehr Ruhe verbringen.

Gespräche bei Tisch eignen sich freilich nur für informelle Plaudereien. Deshalb sind langjährige Geschäftspartner und Kunden oder Vertraute aus der Branche bessere Kandidaten als ganz frische Kontakte. Auch wer vertrauliche Themen besprechen oder Hintergründe erfahren möchte, findet bei Tisch im Messetrubel eine der wenigen Gelegenheiten dazu. Schließlich nutzen auch Journalisten den „Lunch“ gern zur Kontaktaufnahme.

Hallenplan einstecken

Wer sich vorher seinen Weg durch das Gelände markiert, vorbei an den für das eigene Geschäft wichtigsten Ständen, spart Zeit und Nerven. Profis markieren dort auch relevante Aussteller abseits ihrer Hauptrouten, die sie besuchen, falls noch Zeit ist.

Selbstdarstellung mitbringen

Nicht nur ein Stapel Visitenkarten gehört ins Handgepäck; auch eine kurze Selbstdarstellung mit den wichtigsten Fakten zur eigenen Firma und Person werden vom Standpersonal gerne verwendet. Schließlich wird man dort das Gespräch im Anschluss auswerten. Da sind alle bereits dokumentierten Informationen eine willkommene Hilfe. Wer also kürzere Selbstdarstellungen des Ausstellers mitnimmt, muss sich nicht auf eine E-Mail oder die sicher gern angebotene Zusendung des Materials verlassen. Und wer möglichst direkt im Anschluss protokolliert, was er am Stand vereinbart, versprochen und angekündigt hat, kann auch selbst nichts vergessen. Eine gute Dokumentation im Anschluss erleichtert die Nachbereitung des Besuchs.

- ***Buchtipp:***
  Günter Hirschsteiner: Beschaffungsmarketing und Marktrecherchen. Hanser Verlag München, 2003, 190 Seiten, 24,90 Euro

Grundausstattung: Zehn Helfer für jede Messe

Auf der Messe läuft nicht immer alles nach Plan. Um typischen Alltagsproblemen zu begegnen und auch auf heikle Situationen vorbereitet zu sein, lohnt es sich, ein paar kleinere Hilfsgegenstände mit ins Messegepäck zu stecken. Das haben erfahrene Aussteller immer dabei:

- **Briefpapier**
  Wichtig, falls man unerwartet ein offizielles Schreiben oder z. B. einen Vertrag verfassen muss.
- **Deo**
  Hilfreich am Stand nicht nur für den Chef – sondern auch für Mitarbeiter, die ihr eigenes vergessen haben.

- **Ersatzkrawatte**
  Die bekleckerte Krawatte ist geradezu ein Klassiker im Messealltag. Als Aussteller und als Besucher sollten Männer deshalb immer einen zweiten Binder in der Tasche haben.
- **Hustenbonbons**
  Klimaanlagen und Zugluft stellen die Stimme im Messealltag auf eine harte Probe. Zudem schützen Pastillen oder Bonbons vor schlechtem Atem.
- **Kamera**
  Ein kleiner, digitaler Fotoapparat hilft nicht nur bei der Dokumentation des eigenen Stands, sondern leistet auch als Gedächtnisstütze gute Dienste. Achtung: Wer professionelle Messefotos machen will, sollte vorher den Hallenbetreiber informieren bzw. nach einer Genehmigung fragen.
- **Kopfschmerztabletten**
  Gehören in jedes Messegepäck – denn sie helfen bei Schlafmangel, Kater und Stress-Symptomen.
- **Mehrfachsteckdose**
  Auch davon hat man auf der Messe immer eine zu wenig – und weil die Haustechnik meist gerade in der Nachbarhalle zu tun hat, kommt die „Erste Hilfe" aus dem Handgepäck gelegen. Im Ausland kommt ein Adapter für die ortsüblichen Steckdosen dazu.
- **Papiertaschentücher**
  Taschentücher helfen nicht nur gegen die laufende Nase. Sie lassen sich auch gut zweckentfremden, etwa um einen Tisch kurz abzuwischen oder die Schuhe zu säubern.
- **Taschenmesser**
  Ein Taschenmesser lässt sich immer gebrauchen, denn damit lassen sich Schrauben am Stand nachziehen, Knoten lösen und Flaschen öffnen. Gerade für den Korkenzieher gibt es keinen Ersatz – und wenn er gebraucht wird, ist er fast nie zur Hand.
- **Wörterbuch**
  Weil unter Garantie im wichtigen Gespräch das richtige Wort nicht einfällt, ist ein Wörterbuch für Geschäftsenglisch ein guter Begleiter für jeden Geschäftsreisenden.

ZUSAMMENFASSUNG

Ziel

Das Personal ist die **wichtigste Ressource** auf jedem Messestand – schließlich geht es dort vor allen anderen Dingen um **Kommunikation**. Deshalb steht und fällt der Erfolg jeder Messebeteiligung mit der Auswahl und Zusammenstellung der richtigen Messemannschaft. Auf der anderen Seite gilt es, die **Kosten im Griff** zu halten: In Verbindung mit dem Reise- und Übernachtungsaufwand ist daher genau zu planen, wie viele Mitarbeiter zur Veranstaltung mitreisen. Teilweise ist es günstiger, **Personal auf Zeit** zu **verpflichten**.

Aufgabe

Mit Hilfe ihrer Messemannschaft erfüllen Aussteller ganz unterschiedliche Anforderungen: Zunächst ist eine Messebeteiligung ein so wertvolles Projekt, dass sich ein **festes Kernteam** unter Leitung der oder zumindest mit direkter Anbindung an die Chefetage darum kümmern sollte. Zweitens sind **kompetente und zu Entscheidungen befugte Mitarbeiter**, die Kunden und Geschäftspartner jederzeit adäquat bedienen können, notwendig. Drittens müssen Aussteller für **ganztägige Präsenz** am Stand sorgen, um den Pflichten des Veranstalters zu genügen. Darüber hinaus sollten Unternehmer auch an Themen wie **Konkurrenzbeobachtung** denken – und schließlich dafür sorgen, dass auch **in der Zentrale genügend Personal** ansprechbar bleibt.

Strategie

Aussteller sollten **genau planen**, welche Positionen sie **mit eigenem Personal** besetzen und wo sie **externe Fach-** und Hilfskräfte einsetzen. In jedem Fall zu besetzen ist die Position des **Standleiters**, der die **Personaleinsatzplanung** vor Ort koordiniert und überwacht. Ein Schlüssel zum Erfolg liegt auch in **regelmäßigen Lagebesprechungen**. Dabei erfahren alle Bediensteten, welche Ziele der Aussteller verfolgt, welche **konkreten Aufgaben** ihnen dabei zukommen und wie sie im Team mit den anderen zusammenarbeiten. Schließlich sichert eine regelmäßige **Motivation** am Stand den geschlossenen Auftritt.

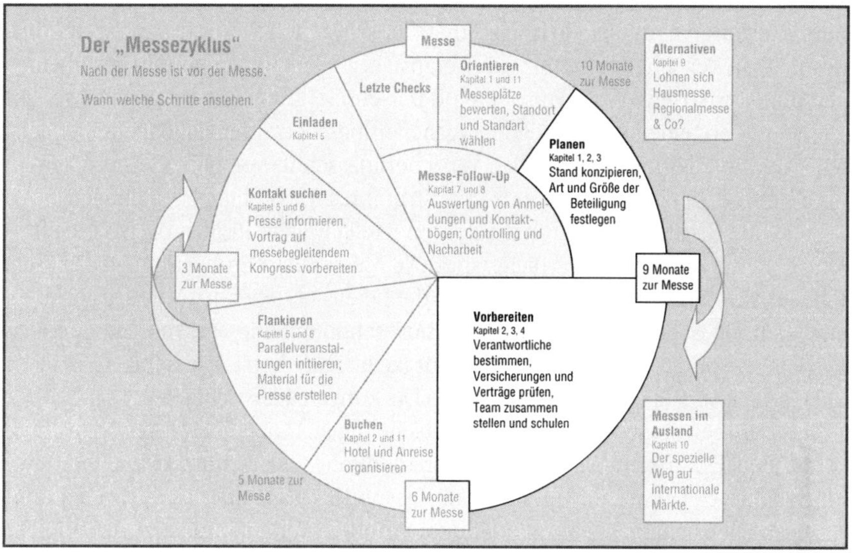

Kapitel 3

Versicherungen und Verträge: Wofür Sie vorsorgen sollten

Versicherungen

Auf Messen geht viel zu Bruch oder verloren. Designerkleider hängen am Standboden fest und reißen. Ein eigener Mitarbeiter stößt am Nachbarstand aus Versehen die Vitrine mit den neuen Brillenmodellen um. Die Kollegin rutscht auf dem Teppich aus und bricht sich das Bein. Der Transport, der Auf- und Abbau und die Arbeit in der Halle bergen unzählige Gefahren für Exponate, Standbauteile – und nicht zuletzt die eigenen Mitarbeiter.

Und schließlich gelten große Messen trotz der in den vergangenen Jahren stark verbesserten Überwachung als besonders gefährdetes Terrain für wertvolle Ware: Nicht nur beim Auf- und Abbau, auch während der Veranstaltungen ist Diebstahl nach wie vor an der Tagesordnung – gerade bei großen Messen, die auch für Privatpersonen geöffnet sind und viel Publikum anziehen.

Grundsätzlich ist jeder Aussteller deshalb per Vertrag mit dem Veranstalter verpflichtet, für einen ausreichenden Versicherungsschutz zu sorgen. Zwar gibt es keine gesetzlich vorgeschriebene Versicherungspflicht, aber in den Teilnahmebedingungen weisen die Messeveranstalter Aussteller regelmäßig an, entsprechende Vorsorge zu treffen. So verpflichten die Hallenbetreiber, die die größten Risiken auf ihren Geländen am besten kennen, Aussteller schon im Mietvertrag zu einem Mindestmaß an Versicherungschutz. Die Veranstalter selbst tragen nur ein allgemeines Haftpflichtrisiko, falls es zu Personen- oder Sachschäden kommt. Aussteller sollten gleichwohl auf einen ausreichenden Versicherungsschutz der Hallenbetreiber achten – und noch dringender auf den Versicherungsschutz von Dienstleistern, die sie zum Beispiel mit dem Transport und Aufbau ihres Messestands beauftragen.

Laufende Betriebsversicherungen decken häufig weitere Risiken bei Messeauftritten ab. Bevor Aussteller zusätzliche, spezielle Messeversicherungen unterschreiben, lohnt es sich deshalb, das Kleingedruckte der bereits bestehenden Verträge genau zu studieren: Oft ist der gewünschte Messeschutz schon mit drin. Wer mit seinem Haus-Versicherer spricht, sollte deshalb nicht nur nach möglichen Lücken fragen, sondern auch gezielt versuchen, überschneidende Deckungen auszuschließen.

Was darüber hinaus notwendig ist, entscheidet sich nach einer Abwägung zwischen den Parametern Verlustrisiko, Schadenhöhe und Schutzkosten. Wer etwa einen höheren Schutz aufbauen will, um besonders teure oder exklusive Exponate gegen Diebstahl zu schützen oder dem erhöhten Verletzungsrisiko aufwändiger Installationen und im Betrieb vorgeführter Maschinen zu begegnen, kann sich im Vorfeld gezielt mit Zusatzpolicen versorgen. Das Angebot an Transport-, Messe- und Unfallversicherungen für alle möglichen Spezialgebiete ist groß – und ein Preisvergleich zahlt sich aus.

Die wichtigsten Quellen für den Messe-Versicherungsschutz

1. Ausstellervertrag

In den Anmeldeunterlagen für den Messestand findet sich immer ein Formblatt zu diversen Versicherungen: Obligatorisch ist meist der Abschluss einer Ausstellerhaftpflichtversicherung sowie eine Versicherung gegen Feuer-, Explosions- und Elementarschäden. Die Veranstalter vermitteln entsprechende Policen meist über einen Rahmenvertrag mit einem großen Versicherer oder Maklern, deren Versicherungsangebote sie einfach mit den anderen Messeunterlagen mitschicken – alternativ kann man aber auch mit einem eigenen Anbieter verhandeln.

Zusätzlich verpflichten manche Anbieter ihre Kunden, eine so genannte Ausstellungsversicherung abzuschließen. Weitere Versicherungen, etwa für den Transport, können Unternehmer dagegen in der Regel freiwillig abschließen (zum Inhalt einzelner Versicherungsarten siehe unten).

2. Bestehende Betriebsversicherungen

Versicherungspolicen decken Risiken einer Messebeteiligung häufig bereits teilweise ab – insbesondere auch solche, deren Abdeckung der Veranstalter obligatorisch fordert. Ein Blick ins Kleingedruckte bringt Klarheit. Insbesondere jüngere Betriebshaftpflichtversicherungen und Transportversicherungen erstrecken sich auch auf Messen.

3. Spezialpolicen

Wer außergewöhnliche Gefahren abdecken oder besonders hohe Werte versichern will, kommt mit dem Standardschutz nicht aus. Teure Exponate, Schmuck und andere Wertgegenstände sind zum Beispiel aus Standard-Diebstahlversicherungen meist ausgenommen.

Die wichtigsten Versicherungsarten

1. Das Basispaket

Drei Policen, die jeder Aussteller haben sollte.

- **Aussteller-Haftpflicht**

Inhalt: Eine Haftpflichtversicherung gehört zum absoluten Grundstandard auf der Messe. Wie jede Haftpflichtpolice zahlt sie nie an den Aussteller selbst, sondern tritt nur gegenüber Dritten ein, und zwar im Fall einer gesetzlichen Haftung. Diese gilt zum Beispiel, wenn ein Mitarbeiter am Nachbarstand ein teures Exponat beschädigt. Als Deckungssummen empfehlen Versicherungsmakler mindestens eine Million Euro bei Sachschäden und zwei Millionen Euro bei Personenschäden.
Kosten: Die Prämien variieren stark, liegen aber meist pauschal bei acht bis 20 Euro pro Person und Veranstaltung. Teilweise sind sie nach Standgröße gestaffelt. Zudem gibt es in der Regel eine Mindestprämie. (Alle Kostenangaben verstehen sich als Netto-Prämien zuzüglich der Versicherungssteuer.)
Besonderheiten: Betriebshaftpflichtpolicen decken den Aufenthalt auf Messen mittlerweile häufig ab – eine zusätzliche Versicherung ist dann nicht mehr nötig.

- **Ausstellungsversicherung**

Inhalt: Diese spezielle Messe-Police kommt für Schäden durch Bruch, Diebstahl, Brand und Elementarschäden auf und deckt damit die größten Gefahren für Stand und Exponate während der Messe sowie beim Auf- und Abbau ab. Meistens ist die Ausstellungsversicherung mit einer Transportversicherung gekoppelt, so dass auch die Anlieferung und Abholung entsprechend abgesichert sind.

Kosten: Der Preis richtet sich nach dem Gesamtwert der versicherten Ware. Inklusive Transport kostet die Prämie bei Inlandsmessen, abhängig auch von der Messedauer und Größe, zwischen drei und sechs Promille des Warenwerts – mithin sind für Standbauteile und Exponate im Wert von 50.000 Euro netto 150 bis 300 Euro fällig.
Besonderheiten: Aus der Grundpolice ausgenommen sind in der Regel Bruchschäden und höherwertige Gegenstände wie Schmuck sowie Fahrzeuge. Für zerbrechliche Teile lässt sich eine Bruchzulage vereinbaren (um 20 Promille vom Gesamtwert) – ähnlich wie bei der privaten Hausratversicherung. Die Absicherung von Wertsachen ist dagegen in der Regel nur mit einer gesonderten Vereinbarung möglich. Wer mehrere Messen pro Jahr besucht, kann alternativ zur Einzelpolice auch eine dauerhafte Ausstellungsversicherung abschließen.

- **Transportversicherung**

Inhalt: Diese meist an die Ausstellungsversicherung gekoppelte oder im Paket angebotene Police zahlt bei Warenbeschädigungen während der An- und Abreise, etwa aufgrund eines Unfalls.
Kosten: Der Preis richtet sich nach Transport-Weg und -Ländern. Für Fahrten innerhalb Deutschlands beginnen die Prämien bei etwa zwei Promille des Warenwerts (zzgl. Versicherungssteuer).
Besonderheiten: Ausgenommen sind bei einem reinen Grundschutz auch hier Bruchschäden und Schäden an höherwertigen Gegenständen sowie an lebenden Tieren oder Pflanzen. Für die Absicherung auf Flugreisen sind regelmäßig Zuschläge fällig. Auch bei Transportversicherungen gibt es häufig Doppelungen: Wer für den laufenden Betrieb eine vergleichbare Police abgeschlossen hat, sollte deshalb auf jeden Fall prüfen, ob damit der Schutz von Messetransporten bereits abgedeckt ist. Die betriebliche Transportversicherung tritt bei typischen Transport- und Unfallschäden auch ohne Zusatz-Police ein.

2. Versicherungen für Vorsichtige

Fünf Spezialpolicen für Sonderfälle:

- **Montageversicherung**

Inhalt: Sie tritt ein, wenn Schäden bei der Installation oder Vorführung von Geräten und Maschinen entstehen.
Kosten: Sie hängen sowohl von der Art als auch vom Wert der versicherten Maschinen ab und werden individuell kalkuliert. Wer zum Beispiel eine Druckmaschine im Wert von einer halben Million Euro versichern will, muss mit Schutzkosten von 1.000 Euro rechnen.
Besonderheiten: Viele Maschinen sind ohnehin ganzjährig gegen Betriebsschä-

den versichert. Wird das Gerät zudem von Dienstleistern aufgebaut und angeschlossen, ist die Montageversicherung überflüssig.

▮ Reisegepäckversicherung

Inhalt: Damit lässt sich ein Verlust oder eine Beschädigung von Gegenständen im persönlichen Gepäck abdecken.

Kosten: Diese Police wird nicht messespezifisch angeboten, sondern ist in der Regel ganzjährig gültig. Die Kosten liegen bei etwa 100 Euro.

Besonderheiten: Gepäckschäden auf Reisen, die mit einer Kreditkarte gezahlt werden, sind häufig bereits über die Kartengebühr abgedeckt, auch der ADAC und die Deutsche Bahn AG bieten teilweise Policen im Paket mit anderen Angeboten an. Allerdings sind Bargeld, Fahrkarten, Flugscheine und wichtige Dokumente in der Regel nicht mitversichert, die Erstattung für wertvollere Gegenstände ist regelmäßig begrenzt. Mehr als ein Grundschutz für Standard-Gepäck ist also nicht zu erwarten.

▮ Messe-Unfallversicherung

Inhalt: Diese Police bringt einen Zusatzschutz für die eigenen Mitarbeiter, falls sie bei Unfällen dauerhaft zu Schaden kommen sollten. Alle versicherten Personen müssen namentlich aufgeführt sein.

Kosten: Die meisten Versicherer verlangen rund 20 Euro pro Person und eine Mindestprämie.

Besonderheiten: Ob eine solche Unfallversicherung sinnvoll ist, hängt stark von den genauen Bedingungen ab – ein Blick ins Kleingedruckte ist unbedingt anzuraten. Wichtig ist in jedem Fall: Nur unverschuldete Unfälle sind abgedeckt. Die kommen im Alltag freilich eher selten vor.

▮ Messe-Ausfall-Versicherung

Inhalt: Wer aus wichtigem Grund nicht an einer Messe teilnehmen kann, muss die hohen Kosten für die Vorbereitung in der Regel tragen. Auch wenn die Messe ausfällt, kann es sein, dass man auf seinen Kosten sitzen bleibt. Dagegen kann eine Ausfallversicherung helfen.

Kosten: Versicherbar sind in der Regel die Transportkosten und der entgangene, „imaginäre" Gewinn aus einer Schau. Die Prämien liegen bei rund sieben bis zwölf Promille der Versicherungssumme, betragen aber mindestens rund 150 Euro.

Besonderheiten: Die Bedingungen dafür, dass die Versicherung zahlt, sind meist ähnlich ausgestaltet wie bei Reise-Rücktrittsversicherungen: Mithin sind nur sehr spezielle Risiken wie schwerste Unfälle oder Todesfälle abgesichert. Gegen eine Absage wegen einfacher Krankheit hilft die Police nicht.

▮ Versicherungen für besondere Wertsachen

Inhalt: Branchenspezifische Angebote wie Bijouterie-, Valoren-, Kunstgegenstände- oder Musterkollektions-Versicherungen schützen besondere materielle oder auch immaterielle Werte.

Kosten: Bevor Versicherer sich auf solche Geschäfte einlassen, ist in der Regel eine Risiko- und Wertanalyse gefordert, die die individuell kalkulierten Prämien maßgeblich beeinflusst.

Besonderheiten: Eine solche Versicherung ist häufig sehr teuer – und zudem an Auflagen wie eine besondere Überwachung oder Sicherung des Gegenstands gebunden. In jedem Fall muss die Deckungssumme dem vollen ideellen oder Warenwert entsprechen – sonst ist die Police wertlos.

Zusatzrisiken beim Transport

Eine besonders hohe Hürde bei jeder Ausstellung liegt im unbeschadeten Transport aller notwendigen Gegenstände zum und vom Messegelände. Wer eine Spedition beauftragt, kann sich zwar auf den Versicherungsschutz der Fremdfirma verlassen. Aber rund 80 Prozent aller Aussteller bringen zumindest Teile mit dem eigenen Auto zum Gelände. Besonders Vorsichtige versichern durch „Autoinhalt-Versicherungen" und ähnliche Vollkasko-Policen ganze Fahrzeugladungen gegen sämtliche Transportschäden, bis hin zu möglichen Macken bei der Ladung durch Ausweichmanöver auf der Autobahn. Damit beim An- und Abtransport keine bösen Überraschungen drohen, sollten Unternehmer einige weitere Grundregeln beachten:

1. Fremdfirmen nutzen

Bei heiklen Installationsarbeiten lohnt es sich, Fachleute zu bezahlen. Dabei kann es dann zwar eher passieren, dass mal ein Stück zu Bruch geht, Spediteure sind darauf aber eingestellt. Aussteller sollten sich vorab jedoch erkundigen, wie hoch die Deckungssumme ihrer Spedition ist. Und sensible Teile, die sie unbedingt benötigen, am besten selbst mitbringen. Ähnliche Überlegungen gelten auch für die Montage: Wer sich professionell helfen lässt, ist gegen Unfälle und Defekte abgesichert – wer selbst anpackt, muss den möglichen Schaden selbst tragen.

2. Werte sichern

Der beste Schutz gegen Diebstahl ist immer noch Vorsicht: Und die ist insbesondere bei kleinen und wertvollen Exponaten geboten – zumal Versicherungen häufig unbezahlbar oder an unrealistische Auflagen gekoppelt sind. Wer etwa Schmuck und Uhren im Nahen Osten oder in den USA zeigen will, bringt die Ware am besten selbst im Handgepäck mit und deponiert sie über Nacht im Hoteltresor oder bei einem nahe gelegenen Werttransportunternehmen.

3. Diebstahl vermeiden

Transportversicherungen geben hier die Marschrichtung vor: Sie gelten meist nur, wenn der Wagen über Nacht im bewachten Parkhaus steht – und das sollte umso mehr bei Pkws gelten, die über Nacht als unversicherte Warenlager dienen. Wertgegenstände wie Gemälde oder Schmuck müssen ohnehin immer extra versichert werden – und gehören nicht in ein ungepanzertes Fahrzeug. Wer hier mit einem Versicherer einig werden will, muss sich zudem darauf einstellen, dass er sich mit der teuren Ware nur auf festgelegten Wegen bewegen darf, etwa vom Hotel zur Messe und zurück.

Verträge

Zum wichtigsten Papierkram neben der Frage nach den passenden Versicherungen gehört die Prüfung der Beteiligungsunterlagen, die der Veranstalter auf Anfrage verschickt. Enthalten ist zunächst das Anmeldeformular mit Standmietvertrag, Ausstellungsbedingungen und Vorschriften. Dazu kommen Gelände- und Hallenpläne, Informationen zu Dienstleistungsangeboten und – falls bereits ein konkreter Buchungswunsch besteht – ein oder mehrere Angebote für den Standplatz.

Die Ausstellungsbedingungen bestehen in der Regel aus mehreren Teilen: **Sicherheitsbestimmungen** legen Standards für elektrische Geräte und andere Normen fest. **Technische Vorschriften** regeln die Zeiten für An- und Abbau und enthalten durchaus relevante Richtlinien für den Standbau: Angaben zur maximalen Bauhöhe, über verbotene Materialien, zur Bodenbelastbarkeit und zum Brandschutz sind in jedem Fall zu studieren (siehe Kapitel 2, „Stand und Platzwahl"). Dazu finden sich in den Teilnahmebedingungen Angaben zu **Haftungsfragen** und **Versicherungspflichten**. All diese Bestimmung müssen Aussteller in jedem Fall akzeptieren.

Durchaus verhandelbar sind dagegen manche Passagen aus den **konkreten Vertragskonditionen**: Von Zahlungsmodalitäten über Untermietrechte bis hin zu Rücktrittsklauseln. Zwar bieten die Messeveranstalter kleinen Ausstellern in der Regel Standardverträge an. Aber auch „Besondere Messe- und Ausstellungsbedingungen" lassen durchaus Spielräume für Sonderwünsche, mit denen sich Kosten sparen oder unnötige Zahlungen vermeiden lassen.

Versicherungspflicht

Obligatorische Haftpflichtpolicen sind unnötig, wenn das Unternehmen bereits versichert ist. Gleichwohl schließen Aussteller mit der Anmeldung oft eine zusätzliche Messe-Versicherung ab. Das kostet Geld und bringt im Zweifel nichts. Wer stattdessen unterschreibt, dass er einen Schutz besitzt, kommt ohne Zusatzkosten aus.

Vorauszahlungen

Üblicherweise kassieren Veranstalter vor Messebeginn einen Abschlag. Wie hoch er ist und wann er fällig wird, ist meistens standardmäßig in den Vertrag eingedruckt – allerdings trotzdem verhandelbar. Auch die Regelungen über weitere Zahlungsfristen für die Anfangs- und Schlussrate sowie Strom und Wasser müssen nicht notwendigerweise für jeden Aussteller gelten. So kassieren viele Veranstalter schon 14 Tage nach Stellplatzorder eine erste Rate: Wer sehr früh bucht, sollte sich darauf nicht einlassen – schließlich verschafft er dem Veranstalter durch seine Entscheidung besondere Planungssicherheit. Verträge, bei denen direkt nach Buchung die volle Standplatzmiete fällig ist, sollte man gerade in solchen Fällen keinesfalls stillschweigend akzeptieren. Wer mehrere Messebeteiligungen auf einmal bucht, sollte zudem nach Rabatten fragen.

Kosten für Mitaussteller

Beteiligen sich mehrere Unternehmen an einem Stand oder kommt zum Beispiel ein Zulieferer als Untermieter dazu, sollte man frühzeitig Kontakt zur Messegesellschaft aufnehmen. Denn in den allgemeinen Ausstellerbedingungen finden sich oft ungünstige Regelungen, die im Extremfall zu doppelten Standgebühren führen können. Verhandeln lässt sich jedoch stattdessen über eine pauschale Gebühr – oder gar über einen Kostenverzicht.

Kosten bei Nichterscheinen

Wer nicht ausstellen kann, aber bereits gebucht hat, muss vom Vertrag zurücktreten – und dafür kassieren die Messen laut Vertrag teilweise hohe Entschädigungen. So ist bei kurzfristiger Absage in der Regel immer die volle Standmiete fällig. Es sei denn, der verhinderte Aussteller besorgt Ersatz – und hat das im Vertrag vereinbart: Wer einen Nachmieter besorgt, sollte aus Kulanz den vollen Standpreis erstattet bekommen – schließlich hat der Veranstalter dann ja in der Regel auch keinen Schaden.

Drohen Veranstalter dagegen bei Nichterscheinen laut Geschäftsbedingungen mit Schadenersatz, heißt es: Nachverhandeln. Zumindest für den Fall der ordentlichen Kündigung sollte kein kleiner Aussteller solche Klauseln unwidersprochen akzeptieren.

Vertragsstrafen

Nicht nur bei Nichterscheinen drohen Veranstalter mit empfindlichen Forderungen. Auch für andere Verstöße sind immer wieder hohe Vertragsstrafen vorgesehen. Unternehmer tun gut daran, diese Klauseln, wenn sie sie schon akzeptieren müssen, zumindest genau durchzusehen – andernfalls kann manch gut gemeinte Messeaktion teuer enden. Vertragsstrafen drohen auf einigen Geländen zum Beispiel, wenn unangemeldete Fotografen professionelle Standbilder machen, bei nicht angemeldeten Verlosungen oder beim Verteilen von Handzetteln. Auch wer den Stand verwaisen lässt, muss mit einer Strafe rechnen. Überzogene Forderungen sollte man allerdings nicht akzeptieren.

Schutz vor Plagiaten

In den vergangenen Jahren haben immer mehr deutsche Aussteller auf den In- und Auslandsmessen, die sie besuchen, täuschend echte Kopien ihrer Produkte entdeckt. Der volkswirtschaftliche Schaden, den die Nachbildungen verursachen, liegt nach Angaben des Aktionskreises der Deutschen Wirtschaft gegen Marken- und Produktpiraterie (APM) bundesweit bei jährlich 25 Mrd. Euro. Allein der Maschinenbau erleidet jedes Jahr Umsatzeinbußen von 4,5 Mrd. Euro.

Zwei Drittel der Unternehmen im Verband Deutscher Maschinen- und Anlagenbau (VDMA) haben mindestens schon einmal Fälschungen ihrer Produkte entdeckt. Betroffen sind Werkzeugmaschinen, Textilmaschinen, Pumpen, Kompressoren oder Armaturen. Jedes zweite Unternehmen erfährt von den unzulässigen Nachbauten erstmalig auf Messen, belegt eine Untersuchung des Verbandes. Dabei sind es zu 70 Prozent chinesische Unternehmen, die ihre Plagiate auf den hiesigen Ausstellungen präsentieren: Oft ohne jedes Unrechtsbewusstsein.

Unternehmen können sich aber gegen die Fälscher wappnen. Dabei gilt es, schon im Vorfeld der Messebeteiligung einige wichtige Punkte zu klären:

1. Sind die eigenen Produkte ausreichend geschützt?

In Deutschland darf nach dem Grundsatz der Nachahmungsfreiheit jeder zunächst einmal alle fremden Erzeugnisse, Verfahren und Marken kopieren – es sei denn, diese sind mit besonderen Schutzrechten versehen. Das sind zum Beispiel **Patente** oder **Gebrauchsmuster** für eigene Erfindungen, die gewerblich verwertet werden können. Gebrauchsmuster werden eingetragen, ohne dass jemand prüft, ob sie wirklich etwas Neues beinhalten. Es kann also sein, dass Aussteller lediglich ein so genanntes „Scheinrecht“ an ihrem Produkt besitzen. Im Streitfall wäre das wertlos. **Marken** schützen Zeichen, Wörter und Logos, mit denen das eigene Produkt von anderen unterscheidbar ist. **Geschmacksmuster** wiederum schützen lediglich das Design von Produkten.

2. Steht ein sachkundiger Anwalt bereit?

Aussteller sollten sich mit einem Anwalt in Verbindung setzen, der im Fall der Fälle auch zur Messezeit und dann vor Ort greifbar ist. Zudem sollten Unternehmen alle Unterlagen, die nachweisen, dass sie der Inhaber von Schutzrechten sind, mit zur Messe nehmen: mindestens beglaubigte Kopien der Schutzrechtsurkunde inklusive bereits erwirkter Urteile oder Unterlassungserklärungen gegen andere Plagiatoren. Falls Exponate noch nicht geschützt sind, beantragen Aussteller spätestens jetzt Schutzrechte dafür.

3. Plant die Konkurrenz, Plagiate zu zeigen?

Wer schon weiß, dass ein Konkurrent Plagiate ausstellen will (das ist häufig in Online-Ausstellerkatalogen oder auf den Homepages der Wettbewerber zu sehen), kann ein „Grenzbeschlagnahmeverfahren" beantragen. Der Zoll kann damit schutzrechtsverletzende Waren – auch bereits nachdem sie die Grenze überschritten haben – aus dem Verkehr ziehen. Als Bühne für solche Aktionen sind Messen besonders gut geeignet. Denn Ware, die nur zu Ausstellungszwecken in die EU eingeführt wird, können die Behörden sogar während der laufenden Messe kassieren. Ein Instrument mit hohem Abschreckungspotenzial.

Während der Messe müssen Aussteller, die Plagiate auf Konkurrenzständen entdecken, zunächst klären, ob und welche Schutzrechte verletzt sind. Zunächst gilt es, die Beweise zu sichern, also die Rechtsverletzung zu dokumentieren: Hierzu können Prospekte des Fälschers oder Fotos der Fälschungen dienen. Als nächsten Schritt empfiehlt sich eine Abmahnung und eine einstweilige Verfügung, die jedoch bei Gericht beantragt werden muss und Kosten verursachen kann.

Mittlerweile bieten viele Messegesellschaften regelmäßig Schlichtungsgespräche zwischen den Parteien an und unterstützen den Verletzten mit Informationen, wie etwa über das zuständige Gericht. Auch sehen einige Ausstellerbedingungen vor, dass rechtsverletzende Ware von dem Stand zu entfernen ist. Dabei steht der Messegesellschaft jedoch in aller Regel ein weiter Beurteilungsspielraum zu, so dass der Aussteller beispielsweise auf das Entfernen von Ausstellungsstücken durch die Messegesellschaft keinen Anspruch hat.

Im Ausland

Auf Messen im Ausland müssen Unternehmer ihre Produkte entsprechend mit internationalen Schutzrechten versehen – und ihre Interessen gemäß den dort geltenden Bedingungen im Vertrag durchsetzen. Wird die Messe von einem deutschen Messeveranstalter durchgeführt, ist dieser im Streitfall der erste Ansprechpartner. Dennoch: Weder die Durchführungsgesellschaft der so genannten „German Pavilions" noch der Messeveranstalter kann Ausstellern helfen, die nicht die entsprechenden internationalen Schutzrechte besitzen. Weitere Informationen dazu gibt es beim **Deutschen Patent- und Markenamt** (www.dpma.de), bei der **Zentralstelle Gewerblicher Rechtsschutz** (www.grenzbeschlagnahme.de) und beim **Aktionskreis Produkt- und Markenpiraterie** (www.markenpiraterie-apm.de).

Der Ausstellungs- und Messe-Ausschuss der Deutschen Wirtschaft (AUMA) bietet Merkblätter zum Umgang mit Plagiaten auf Messen an: www.auma.de.

EXKURS: Wettbewerbsbeobachtung

Es ist kein Zufall, dass viele Unternehmen erst auf Messen von den Fälschungsversuchen der Konkurrenz erfahren. Messen sind eine einmalige Gelegenheit, sich ein umfassendes Bild des Wettbewerbs zu machen. Innerhalb weniger Tage sammeln Messebesucher Informationen über die Anbieter einer Branche, für deren Beschaffung sie sonst ein ganzes Jahr bräuchten.

Das machen sich Spezialisten für Wettbewerbsbeobachtung („**Competitive Intelligence**") großer Konzerne zu Nutze. Für sie sind die Produkt-Schauen eine Plattform, um Details über andere Unternehmen zu erfahren.

Mittelständische Aussteller, die sich über die Arbeitsweisen der Späher bewusst werden, können sich so nicht nur besser gegen Kopisten und Spione wehren – sie lernen so ihrerseits, Messen als effizientes Forum für die Wettbewerbsbeobachtung auszunutzen.

Besonders aufschlussreich ist die **Aufbauphase**. Produktmanager können in den Hallen die Monteure und Standhelfer der Konkurrenz befragen und dabei gleich einen **unauffälligen Blick auf das Innere der Exponate** werfen, das später versteckt sein wird.

Experten für Competitive Intelligence setzen die **Fachleute im eigenen Messeteam** zwischendurch auf den Wettbewerb an: Sie steuern gezielt bestimmte Stände an. Dort analysieren sie **Standgröße**, **Personalstärke**, **Art der Präsentation**. Denn daraus lassen sich bereits Rückschlüsse auf die **Höhe des Marketingbudgets** ziehen sowie auf die aktuellen und künftigen strategischen **Schwerpunkte**.

Konkurrenzbeobachter sammeln systematisch Kataloge und Unternehmensbroschüren, Bilanzen und Produktblätter. Diese lassen sich anschließend in **Factsheets** zu jedem Wettbewerber zusammenfassen und auswerten.

Außerdem können Unternehmen den Umstand ausnutzen, dass viele Aussteller eher unerfahrene Kräfte zum Standdienst einteilen. Die Verkäufer sind auf Kommunikation eingestellt und warten nur darauf, Informationen zum Unternehmen und den Produkten loszuwerden. Da kann **simples Fragen** schon erstaunliche Details zu Tage fördern, an die man aus der Ferne niemals herangekommen wäre. Erfahrene Messe-Kenner berichten, dass sie dafür nicht einmal verschweigen müssten, dass sie von der Konkurrenz kommen. Sie stellen sich ganz offensiv vor das Standpersonal hin und fordern die Kollegen auf, einfach einmal zu zeigen, was sie können.

Ausgefuchster ist die Strategie, Unternehmen über deren Konkurrenz zu befragen – und umgekehrt. Experten für Konkurrenzbeobachtung empfehlen zudem, **gemeinsam mit Verbündeten** auf Datensuche zu gehen: Aussteller lassen dazu ihre eigenen Leute, außerdem befreundete Kunden und Lieferanten in die Hallen ausschwärmen. Vorher legen sie genau fest, welche Informationen sie bei welchem Wettbewerber erheben möchten. Dann fragen verschiedene Besucher mehrmals bei dessen Standpersonal nach den gleichen Dingen – ohne dass sich Hostessen und Vertriebsleute dort verhört fühlen, die außerdem sowieso durch den Schichtbetrieb häufig wechseln. Am Ende hat das Recherche-Team so ein nahezu vollständiges Bild vom Wettbewerber.

Umgekehrt heißt das für Aussteller: Es ist unbedingt dafür zu sorgen, dass niemand mehr von den eigenen Exponaten sieht als nötig. Das Standpersonal sollte **Interessenten** möglichst **nach ihren Visitenkarten fragen** oder bitten, sich vorzustellen, bevor das Gespräch konkreter wird. Vor der Messe sollten Unternehmer genau **festlegen, welche Informationen** auf keinen Fall für Besucher-Ohren bestimmt sind. Und wenn **Fragen zu sensiblen Punkten** kommen, wird sofort eine Führungskraft eingeschaltet.

ZUSAMMENFASSUNG

Ziel

Der Abschluss von **Versicherungen und Verträgen** gilt unter vielen Ausstellern als lästiger, schnell zu erledigender Papierkram. Doch hinter dieser **vermeintlichen Nebensache** können sich **Kostenfallen** verbergen. Wer aufpasst, kann umgekehrt viel **Geld und Nerven sparen**.

Aufgabe

Unternehmer sollten sich die Zeit nehmen, alle **Vertragsunterlagen sorgfältig** zu **prüfen** und nicht jeden Punkt unwidersprochen akzeptieren. Auch bei Versicherungsverträgen lohnt ein **Blick ins Kleingedruckte**: So **vermeidet** man nicht nur Schutzlücken, sondern auch **Überschneidungen**. Auch im Umgang mit Ausstellern, die dreist ein eigenes Produkt kopieren, zahlt sich **Konsequenz und Beharrlichkeit** aus.

Strategie

Bei der Wahl der richtigen Versicherungen gilt: Zunächst einmal **prüfen, was überhaupt benötigt** wird. Viele Versicherungen sind ohnehin bereits vorhanden und gelten auch auf Messen, andere Risiken trägt man besser selbst. Schließlich lohnt wie so oft der **Preisvergleich**: Denn das erste Angebot muss keinesfalls das beste sein. Und auch **Vertragsverhandlungen** mit dem Veranstalter zahlen sich aus: Wer sich gut informiert und bessere Konditionen einfordert, kann sparen. Und noch ein vermeintlicher Papierkrieg zahlt sich aus: Die **konsequente Verfolgung von Plagiateuren** kann bares Geld wert sein.

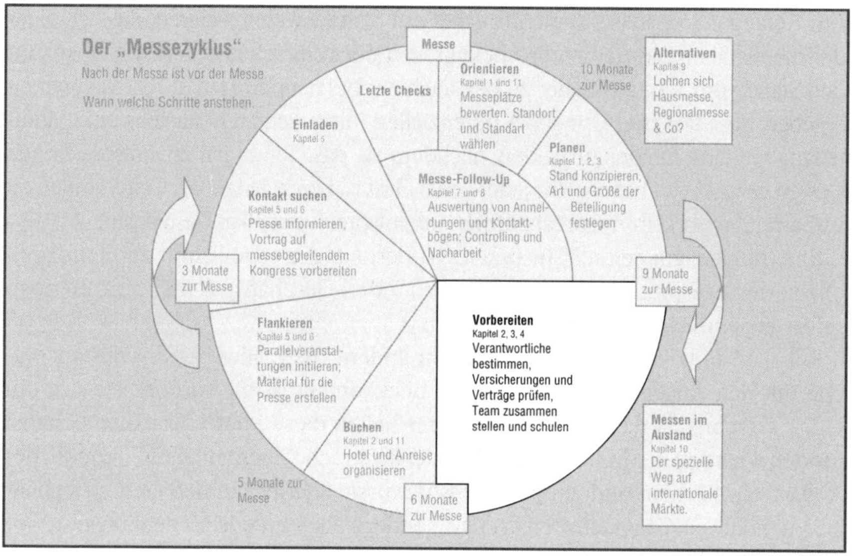

Gesprächsführung: Wie Besucher zu Kontakten werden

Signalisiert ein Besucher am Stand Interesse am Unternehmen und seinen Produkten, dann liegt jedes Wort auf der Goldwaage. Wer sein Standpersonal professionell vorbereitet, schützt sich nicht nur vor Fehlern. Durch eine gut strukturierte und strategisch ausgerichtete Gesprächsführung ist auch sichergestellt, dass die wichtigsten Informationen nicht verloren gehen – auf beiden Seiten.

Da auf Messen kaum mehr harte Verkaufsgespräche stattfinden, sollten sich die Mitarbeiter vor allem auf Erstgespräche mit möglichen Neukunden vorbereiten. Grundsätzlich lassen sich diese Standgespräche in fünf wichtige Phasen einteilen – von denen jede zum Abbruch oder zur nächsten Phase führen kann: Erstkontakt, Vorgespräch, Fachgespräch und Abschluss treten in den Dialogen typischerweise immer wieder auf. Eine stringente Gesprächsführung folgt genau diesem Rhythmus. Dazu kommt als fünfte Phase die Dokumentation – nach messetypischen Kriterien sollte jeder Kontakt direkt erfasst werden, um ihn später weiter zu verwerten.

1. Phase: Erstkontakt

Am Anfang gilt es, interessierte Besucher am Stand zu identifizieren, die sich gerade Exponate ansehen, einen Prospekt greifen oder einfach nur stehen bleiben, um den Stand vom Weg aus näher zu begutachten. Untersuchungen auf Messen haben ergeben, dass fast zwei Drittel der potenziellen Interessenten höchstens eine Minute lang auf eine Ansprache warten, nachdem sie das Gefühl haben, entsprechende Gesten gemacht zu haben. Nur jeder achte Gast ist bereit, länger als fünf Minuten zu verharren, wenn kein Ansprechpartner auf entsprechende Signale reagiert.

Eine direkte, gut getimte Ansprache ist deshalb der erste Schritt zum erfolgreichen Messegespräch. Bekannte Kunden oder Geschäftspartner begrüßt man selbstverständlich direkt und mit Namen.

Bei allen unbekannten Gästen hilft ein anderer Weg: Hier beginnt die Ansprache mit den Augen. Denn der gezielte Blickkontakt ist die vornehmste Art, um einen Gast anzusprechen. Verkaufstrainer halten diese Phase des „Eisbrechens" für den wichtigsten Moment in der Kundenansprache überhaupt: Ein freundlicher Auftritt, ein Lächeln und ein paar selbstbewusste Schritte auf den Gast zu signalisieren nicht nur Gesprächsbereitschaft, sondern auch Freude an der Situation. Vor allem, wenn die folgende Gesprächseröffnung sitzt.

Das scheint in der Praxis komplizierter zu sein, als es sich auf dem Papier liest: Denn 80 Prozent aller Verkaufsgespräche beginnen ausgerechnet mit jener „Killerphrase", die jeder Gesprächstrainer auf seiner schwarzen Liste führt: „Kann ich Ihnen helfen?" Dabei ist die Antwort darauf schnell vorhersehbar: „Nein, danke." Hier kommt die Unterhaltung, die ja noch gar nicht richtig begonnen hat, bereits in ihre kritischste Phase: Der erste Satz entscheidet darüber, ob ein Gespräch entsteht – oder ob das Gegenüber mit einem Kopfschütteln jede weitere Bemühung um einen Dialog zwecklos erscheinen lässt. Es gibt also genau eine Chance, um nun ins Gespräch zu kommen: Einen Satz, der keine abschlägige Antwort erlaubt.

Eine charmante Gesprächseröffnung hört sich anders an. Sie ist höflich, erkundigt sich und wird zugleich offen gestellt, so dass der angesprochene Gast nicht einsilbig antworten kann. Beispiele für gute Eröffnungsfragen sind: „Wie sind Sie auf unseren Stand aufmerksam geworden?" Oder: „Welches unserer Exponate interessiert Sie besonders?" Beide laden zum Austausch über die Sache ein, ohne allzu verbindliche Vorgaben zu machen. Und die erste Reaktion signalisiert bereits, ob Interesse zum weiteren Gespräch vorhanden ist.

Eine Alternative zum Einstieg in den Dialog ist die Einladung zum Getränk oder einem kleinen Snack, die sich auch verbinden lässt mit dem Angebot, an einem Tisch Platz zu nehmen – gerade gegen Nachmittag ist ein bequemer Stuhl für viele Besucher ein gutes Argument, um einen Stopp am Stand einzulegen.

- Der erste Blickkontakt entscheidet über Sympathie.
- Eine offene Einstiegsfrage setzt den Dialog in Gang.
- Einladungen halten Besucher am Stand.

2. Phase: Vorgespräch

Höflich und doch zielorientiert sollte die Unterhaltung nun in eine Schnupperphase übergehen, bei der beide Gesprächspartner feststellen, was sie vom anderen zu halten haben. Für Mitarbeiter am Stand heißt das: Sie sollten möglichst schnell herausfinden, mit wem sie es zu tun haben – nicht nur, um zu erkennen, ob sich ein weiteres Gespräch lohnen könnte, sondern auch, um einen ähnlichen Kenntnisstand wie der Gast zu erlangen, der ja dank Standdekoration und Namensschild bereits sehr viel mehr über sein Gegenüber weiß.

Zunächst ist es angebracht, den Gesprächspartner ganz offen nach seiner Firma beziehungsweise dem Grund seines Messebesuchs zu fragen. Normalerweise wird sich der Gast daraufhin selbst persönlich vorstellen. Falls nicht, sollte man erst etwas später nach dem Namen fragen – zu Beginn wirkt das unpassend.

Mit Fragen zur Sache geht es im Vorgespräch weiter: Welche Produkte und Dienstleistungen interessieren den Gast, welchen Bezug hat er bisher zur Firma, welche Anwendungen schweben ihm vor, welche Lösungen sucht er? Wieder sind offene Fragen besser als Ja/Nein-Fragen – zudem wird es nun immer wichtiger, das Gespräch am Laufen zu halten, indem man auf die Antworten des Gastes eingeht – und gleich in neue Fragen ummünzt. Die Grundregel hierzu lautet: Wer fragt, führt das Gespräch an. Und sammelt die relevanten Informationen.

Achtung: Das Gespräch darf jetzt nicht in ein Verhör ausarten – selbst wenn es insgesamt doch schon darum geht, ein tatsächliches Informationsgefälle abzubauen. Geübte Verkäufer lassen in dieser Phase vor allem ihren Gesprächspartner reden, hören zu und fragen nach – und zwar nicht nur mit offenen Fragen, sondern zwischendurch auch einmal mit entspannenden geschlossenen Fragen oder Wiederholungen des Gesagten in eigenen Worten. Smalltalk ist also auch bei inhaltlichen Dialogen angesagt.

- Die Gesprächspartner bringen sich auf einen Informationsstand.
- W-Fragen und aktives Zuhören helfen dabei, den Gast einzuordnen.
- Die Basisrecherche bestimmt das weitere Vorgehen.

3. Phase: Fachgespräch

Im Vorgespräch hören geübte Verkäufer bereits nach zwei bis drei Minuten heraus, ob der Gast ernsthaftes Interesse zeigt und wie wichtig er als möglicher Kunde für das Unternehmen sein kann. Diese Informationen sind notwendig, um den weiteren Gesprächsverlauf vorzubereiten: Schließlich kostet Messezeit beide Seiten viel Geld – und wenn es keinen Sinn hat, den Dialog zu vertiefen, endet die Unterhaltung an dieser Stelle besser: Zum Beispiel mit dem Austausch von Visitenkarten und dem Angebot, sich später zu kontaktieren.

In aussichtsreichen Fällen aber läuft das Gespräch nun auf seinen Höhepunkt zu: Innerhalb von etwa fünf Minuten sollte es nun gelingen, die Neugier des potenziellen Kunden zu wecken. Will man Konkretes erklären, bewegt man sich zu den Exponaten. Oder man wechselt an einen Stehtisch oder zu einer Sitzgelegenheit weiter hinten am Stand. In jedem Fall bleibt man gegenüber dem Gesprächspartner auf einer Mindestdistanz. Zu nahes Aufrücken oder gar Berührungen sind unbedingt zu vermeiden.

Das Zeitfenster für die Aufmerksamkeit des Ansprechpartners ist begrenzt – und deshalb sind gut vorbereitete, auf den Punkt gebrachte Argumente gefragt. Fachliche Details und Organisatorisches haben hier einen Platz: Es geht darum, einen Eindruck zu hinterlassen – an den man später anknüpfen kann. Gute Vorbereitung ist Trumpf: Wer einen Katalog von acht bis zehn leicht kommunizierbarer Daten und Fakten im Kopf hat, kann jetzt jederzeit in eine Verkaufsargumentation wechseln.

Auch in dieser Gesprächsphase gibt es einige Killerphrasen, die Mitarbeiter niemals verwenden sollten – vor allem solche, die dem Gast das Gefühl vermitteln, nicht ernst genommen zu werden:

- **„Ich habe genau das passende Produkt für Sie.“**

Diese ist die schlechteste Replik auf die Schilderung eines Problems – denn ob man die richtige Lösung parat hat, möchten die meisten Gesprächspartner doch lieber selbst beurteilen.

- **„Kennen Sie eigentlich unsere Firma?“**

Diese unschuldig wirkende Frage kann der Gast schnell als Beleidigung empfinden – weil er dadurch das Gefühl bekommt, er müsste vielleicht schon einmal davon gehört haben. Selbst ein Marktführer sollte potenzielle Kunden nicht auf diese Art bloßstellen.

- **„Das kann ich Ihnen nicht sagen.“**

Eine solche Auskunft gehört sich nicht – schließlich hat der Gast eine Frage und einen Anspruch auf eine Antwort dazu. Eine dialogbereite Gesprächsführung nutzt eine Frage, die man gerade nicht beantworten kann, als zusätzliche Chance, um im Gespräch zu bleiben – schließlich kann man anbieten, das Detail zu klären und gewinnt damit einen hervorragenden Aufhänger für das nächste Gespräch.

- **„Ich verstehe Ihren Einwand, muss aber ...“**
Niemand muss – und niemand, der einen Einwand versteht, widerspricht noch im selben Satz. Ein „aber“ gehört sich nicht, weil es immer klingt, als wolle man den Einwand des anderen abtun. Einen offenen Umgang mit Kritik signalisieren Antworten wie: „Das ist genau die richtige Frage“ oder „Genau deshalb werden wir ...“.
- **„Wir können ...“**
Die besondere Betonung der Leistung des eigenen Unternehmens ist selten kundenorientiert. Vorzuziehen sind Formulierungen, die mit einem „Sie“ beginnen – und dem Gegenüber erklären, was er von einem Produkt oder einer Dienstleistung erwarten kann. Gepaart mit positiven Beschreibungen empfehlen sich geübte Verkäufer an dieser Stelle als Problemlöser.

Nicht nur diese bewusste Einlassung auf Kritik, auch einige schnell skizzierte Proberechnungen auf einem Blatt Papier, der Hinweis auf Auszeichnungen oder anerkannte Referenzkunden und das präzise Herausstellen der eigenen Stärken – all diese Strategien können dazu führen, dem Gespräch nun die persönliche Note zu geben, die danach im Kopf des anderen verankert ist.

Einen Gast nach seiner Meinung zu fragen, kann ebenfalls ein hilfreiches rhetorisches Instrument sein, zudem bietet es einen Anknüpfungspunkt für spätere Folgetelefonate oder Treffen. Je genauer man sein Gegenüber jetzt bereits kennt, desto größer sind die Chancen, hierbei später zum Erfolg zu kommen.

- Fünf Minuten reichen aus, um die wichtigsten Fakten zu vermitteln.
- Ziel des Dialogs ist ein Anknüpfungspunkt für spätere Kontakte.
- Wer hier bleibenden Eindruck hinterlässt, gewinnt mögliche Kunden.

4. Phase: Abschluss

Etwa zehn Minuten nach Gesprächsbeginn ist es meist Zeit, die wichtigsten Ergebnisse festzuhalten. Jetzt sollte das Gespräch in eine konkrete Konsequenz einmünden – die wiederum der Aussteller dem Gast vorschlägt: Üblicherweise sollte es nun zu Verabredungen für ein weiteres Treffen oder Telefonat kommen. Zudem sollten Aussteller anbieten, weiteres Informationsmaterial bereitzustellen. Und auch Platz für Kritik und Wünsche sollte da sein: Was hat den Gast überzeugt? Welche zusätzlichen Fragen hat er noch? Und wie sieht seine Wunschvorstellung von dem Produkt aus? Das sollte man erörtern und außerdem anbieten, die Fragen bei nächster Gelegenheit zu klären – und dies dann auch konsequent tun.

Schließlich sollte das Gespräch mit demselben freundlichen Blickkontakt enden, mit dem es einige Minuten zuvor begonnen hat. Und mit einigen höflichen

Schlussfragen: Vielleicht sieht man sich auf der Messe auch noch bei ganz anderer Gelegenheit wieder – etwa bei einem Vortrag im begleitenden Kongress, einer Messeparty oder bei einer anderen Abendveranstaltung?

- Zum Schluss vereinbaren beide Seiten konkrete Folgeschritte.
- Außerdem sollte man Kritik bereitwillig aufnehmen.
- Zur höflichen Verabschiedung gehört erneut ein freundlicher Blick.

5. Phase: Dokumentation

Möglichst unmittelbar im Anschluss an jedes Gespräch sollte eine sorgfältige Dokumentation folgen. Denn erst damit entsteht aus einer Unterhaltung ein wertvoller Erstkontakt – und nur wer jetzt seine Hausaufgaben gut erledigt, kann sich nach der Messe um Erfolgskontrolle (siehe Kapitel 7) und den systematischen Follow Up (siehe Kapitel 8) kümmern.

Zur Erfassung eines Gesprächs bietet sich eine stark standardisierte Protokoll-Vorlage an, die sich in wenigen Minuten ausfüllen lässt. Weil die wichtigsten Punkte für die Dokumentation sich unmittelbar aus den Folgeschritten – also der späteren Auswertung – ergeben, sind die Details dazu in den folgenden Kapiteln genauer erläutert. Die wichtigste Grundlage für die Dokumentation stellt das Kundenwertpapier dar, das in Kapitel 7 vorgestellt wird und das sich zugleich auch als Gesprächsleitfaden einsetzen lässt. Aussteller sollten daher auf die Anfertigung von Gesprächsprotokollen bei allen Mitarbeitern bestehen.

Wer darüber hinaus – nach Verabschiedung des Gastes – auf der Rückseite der Visitenkarte oder einem Extrablatt einige bemerkenswerte Details, etwa zum Auftreten und Stil des Gesprächspartners, festhält oder auch private Vorlieben und Hobbys notiert, gewinnt zusätzliche wertvolle Hinweise für die persönliche Kontaktarbeit – und erinnert sich später selbst besser an das Gespräch.

- Das Standgespräch ist häufig nur der Erstkontakt.
- Ein Kundenwertpapier hilft bei der Auswertung und taugt auch als Gesprächsleitfaden.
- Persönliche Notizen sind nützlich für den Follow Up.

- ***Buchtipp:***

  Dirk Kreuter: Der Messetrainer. In fünf Schritten zu neuen Messekunden. Gabler, 2002.

ZUSAMMENFASSUNG

Ziel

Kontaktarbeit ist das A und O jeder Messe. Für die Mitarbeiter am Stand gilt es, **möglichst viele Besucher erfolgreich anzusprechen** – und einen bleibenden Eindruck zu hinterlassen. Durch gezielte Ansprache, gute Vorbereitung und **präzise Dialogregie** lassen sich erfolgreich künftige Kunden und neue Geschäftspartner finden und gewinnen.

Aufgabe

Ein **Leitfaden zur stringenten Gesprächsführung** hilft Mitarbeitern am Stand bei der Arbeit. Fragen und Argumentationslinien lassen sich gezielt vorbereiten. **Kontaktwertbögen** können als Leitfaden für Standgespräche dienen. Und wer sich bestimmte **Phrasen abtrainiert**, verbessert seine Chancen auf einen erfolgreichen Gesprächsverlauf.

Strategie

Die Ansprache unbekannter Standbesucher lässt sich in vielen **Phasen** vorhersehen und entsprechend **strategisch vorbereiten**: Wer einen **festen Fahrplan** von der Anbahnung bis zum Abschluss **im Kopf** hat, kann sich leichter auf den Gast einstellen und schneller die nötigen Informationen sammeln. Die **Dokumentation** im Anschluss an das Gespräch **erleichtert die spätere Auswertung**.

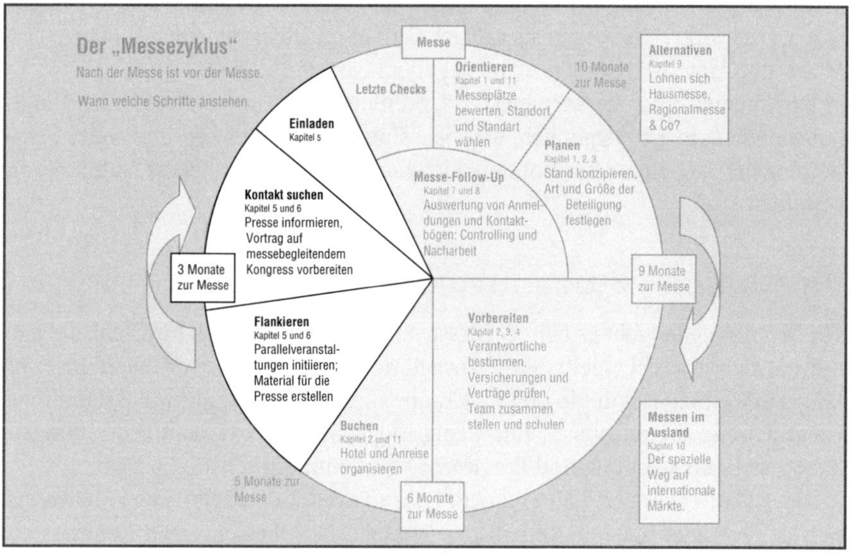

Kapitel 5

Medien und Marketing: Was Aufmerksamkeit erregt

Messen sind nicht nur der wichtigste Treffpunkt einer Branche, sondern meist auch ihr jährlicher medialer Höhepunkt. Die Messeveranstalter geben einen großen Teil ihres Budgets für die Öffentlichkeitsarbeit aus, schalten Anzeigen in Fachmedien, laden Wirtschafts- und Regionalzeitungen auf die Veranstaltung ein und animieren Rundfunk und Fernsehen zur Berichterstattung über interessante Neuheiten.

Das ist ihr Job – denn schließlich verkaufen sie ihren Kunden, den Ausstellern, den richtigen Mix aus Fachbesuchern, breiter Öffentlichkeit und potenziellen neuen Geschäftskontakten. Die verschiedenen Zielgruppen wollen im Vorfeld darüber informiert werden, was sie auf der Messe zu erwarten haben. Bildlich gesprochen lenken Messeveranstalter also Besucher in die Hallen. Aus Sicht des einzelnen Ausstellers geht es nun darum, sich von diesem breiten Besucherstrom diejenigen Kontakte abzuzweigen, die für das eigene Unternehmen interessant sind – und sie an den eigenen Stand zu lotsen. Das heißt, Unternehmer nutzen die vom Veranstalter generierte allgemeine Aufmerksamkeit für die Branche, um gezielt Aufmerksamkeit für ihr individuelles Angebot zu wecken.

Außer für diese direkte Ansprache potenzieller Besucher können Aussteller Medien und Marketing nutzen, um sich einer breiteren Öffentlichkeit zu präsentieren. Dies wirkt sich zwar in aller Regel nicht unmittelbar in neuen Aufträgen aus. Mittel- und langfristig dürften Aussteller aber in jedem Fall davon profitieren, wenn in Fachmedien über sie berichtet wird, eventuell sogar in überregionalen Publikumsmedien. Es ist erstaunlich, wie viele Entscheider über Zeitungs- oder Fernsehberichte auf einen bestimmten Lieferanten oder Dienstleister aufmerksam geworden sind.

Aufgaben der messebegleitenden Kommunikation

Für den Aussteller geht es bei der Messe darum, die vielfältigen Möglichkeiten zu nutzen, die ihm das Umfeld der Veranstaltung bietet. Die Messe erweitert mit ihrer PR- und Werbemaschinerie den Spielraum auch für kleine und mittelständische Unternehmer, die ansonsten nur wenig Möglichkeiten bzw. kaum die Budgets haben, sich um Werbung und Pressearbeit zu kümmern.

Mittelständler können während der Messe mit verblüffend einfachen Mitteln auf sich aufmerksam machen: Indem der Chef auf dem begleitenden Kongress als Experte auftritt, Journalistenanfragen in der heimatlichen Zentrale effizient bearbeitet werden – und indem die Werbung rund um den Messeauftritt zum richtigen Zeitpunkt und an den richtigen Stellen platziert wird. Nötig ist dazu allerdings eine sorgfältige Planung und Vorbereitung, für die erfahrene Aussteller fast genauso viel Aufwand treiben wie für die Konzeption des Standes.

Aufgaben der messebegleitenden Kommunikation im Überblick:

1. **Qualifizierte Kontakte an den Stand holen**
   Messeveranstalter generieren ein allgemeines Interesse an der Branche – Aussteller ziehen **kurzfristig** aus dem Besucherstrom diejenigen Gäste ab, die für das eigene Unternehmen von Bedeutung sind.
2. **Fachwelt informieren**
   Über Marketing und Medienarbeit vor und während der Messe erreichen Aussteller auch Fachleute, die zwar nicht unmittelbar zu Kontakten werden sollen. Es trägt aber **mittelfristig** zur Imagebildung bei.
3. **Kommunikatoren für das Unternehmen interessieren**
   Die Publikumspresse berichtet für eine breite Öffentlichkeit. Aussteller, die es schaffen, Journalisten für ihr Unternehmen und ihre Produkte zu interessieren, erreichen **langfristig** eine größere Bekanntheit.

Studien des Deutschen Messe-Instituts haben gezeigt, dass eigene Werbeanzeigen in Fachmedien genauso wie Großplakate auf dem Messegelände oder in der Messestadt für die allermeisten Mittelständler nicht nur zu teuer, sondern auch ineffektiv sind. Kosten und Ertrag stehen in keinem Verhältnis, denn die meist ausgesprochen spezialisierten Unternehmen haben eine relativ kleine Zielgruppe, die sie mit groß angelegten Werbemaßnahmen nur durch Zufall erreichen. Anstatt Geld und Energie auf Image-Werbung mit zweifelhaftem Nutzen zu verschwenden, verlegen sich Aussteller besser auf die persönliche Ansprache potenzieller Kunden – und auf gezielte Öffentlichkeitsarbeit.

Kooperative Werbung: Schützenhilfe vom Veranstalter

Die einfachste und günstigste Art der Werbung kommt von der Messe selbst: Veranstalter stellen Ausstellern eine ganze Reihe standardisierter Werbemittel zur Verfügung – entweder kostenlos oder zum Selbstkostenpreis. Viele dieser Materialien lassen sich bequem von den Internetseiten der Veranstalter herunterladen. Dabei handelt es sich um Druckvorlagen für Lagepläne, Eintrittskarten-Gutscheine, Besucherprospekte, Plakate oder Messekalender.

Zum Teil bieten Veranstalter ihren Kunden auch an, den Firmennamen und die Anschrift, Halle und Standnummer sowie das Firmenlogo in entsprechende Platzhalter zu drucken. Dazu müssen Unternehmer die entsprechenden Daten bei der Bestellung der Materialien einreichen. Zielgruppe sind in der Regel Kunden oder potenzielle Kunden, die vom Unternehmen direkt eingeladen werden.

Der Nachteil solcher Angebote liegt auf der Hand: Alle Aussteller können sie gleichermaßen nutzen, es gibt also keine Möglichkeiten, sich von der Konkurrenz abzuheben. Außerdem kann man damit kaum Informationen über das eigene Unternehmen vermitteln. Dennoch ist „kooperative Werbung“ dieser Art Pflicht – weil sie dazugehört und nicht viel kostet.

Die Varianten:

Gutscheine, Poster und Besucherprospekte: Sie können Messeeinladungen beigelegt werden. Aussteller nutzen mit ihnen die Markenbekanntheit der Messe für das eigene Unternehmen (Co-Branding). Messemacher geben auch einfache Briefaufkleber aus (so genannte **Siegelmarken**), die Aussteller vor der Messe auf Schreiben kleben, die an die entsprechende Zielgruppe versandt werden. Häufig gibt es die Siegelmarken auch zum Download im Netz, Aussteller fügen sie dann bequem als Grafik in ihre Dokumente ein. Sie enthalten meistens das Messelogo, den Termin sowie einen Hinweis auf Halle und Standnummer des Ausstellers. Nach dem Muster: „Besuchen Sie uns auf der Orgatec 2007, Halle 4, Stand 23.1“.

Ausstellerkatalog: Jeder Aussteller kann einen Eintrag im Ausstellerkatalog veröffentlichen, der meist auch ins Internet gestellt wird. Dabei geht es darum, von den richtigen Leuten schnell gefunden zu werden. Fachbesucher, potenzielle Auftraggeber oder Journalisten navigieren ungern durch hunderte von Katalog-Einträgen, sondern nutzen die Suchfunktionen auf der Messe-Website. Da kann es entscheidend sein, unter welchen Rubriken Aussteller ihren Eintrag angelegt haben. Es gilt das gleiche Prinzip wie bei Internet-Suchmaschinen à la „Google". Der Hersteller einer Laser-Fräse tut gut daran, unter „Laser" aufzutauchen, und nicht bloß bei den Fräsen-Fabrikanten.

Messeprospekt: In einer eigenen kleinen Broschüre kündigen manche Aussteller ihre Präsenz auf der Messe ausführlich an. Ein mehrfach gefaltetes DIN-A4-Blatt (ein „Leporello") genügt in aller Regel, um die Veranstaltung, das Unternehmen mit Anschrift, Standnummer und eine Vorschau auf das Ausstellungsprogramm unterzubringen. Ein solcher „Flyer" hat zudem den Vorteil, dass er in einen normalen Briefumschlag passt.

Einladungen: Direkt an die Zielgruppe

Aus Sicht von Messeexperten sind Messeeinladungen, in denen Stammkunden, Geschäftspartner und interessante Neukontakte gezielt zu einem Besuch am Stand eingeladen werden, das wichtigste Marketinginstrument für mittelständische Aussteller. Diese Briefe oder E-Mails haben die meiste Durchschlagskraft, wenn sie persönlich an den betreffenden Ansprechpartner adressiert sind. Peter Müller von der Schmidt KG nimmt ein Schreiben, das ihn auch mit Namen anspricht, gleich ernster. Dann muss aber auch der Vertriebsmitarbeiter, Techniker oder Geschäftsführer die Einladung unterzeichnen, der den Besucher später am Stand in Empfang nimmt und (hoffentlich) im Nachgang einen Abschluss mit ihm macht.

Grundlage für den Verteiler ist die eigene Kunden- und Adresskartei. Adressverlage verkaufen auch die Namen und Kontaktdaten potenzieller Neukunden. Häufig lohnt sich ein Blick in den Ausstellerkatalog: Denn wer einen Stand aufbaut, ist mit seiner Geschäftsführung auf der Messe vertreten und automatisch auch Besucher. Die richtigen Ansprechpartner lassen sich meist sehr schnell auf der Internetseite des betreffenden Unternehmens ermitteln. Bei kleinen Firmen schreiben Aussteller an den unter „Impressum" angegebenen Geschäftsführer.

Wer vier bis zwei Wochen vor der Messe einlädt, erreicht 70 bis 80 Prozent der Zielpersonen, danach sind die meisten bereits anderweitig verplant. Auf vorbereiteten Antwortkarten können Kunden sich zu einem Termin anmelden, das schafft eine gewisse Verbindlichkeit. Geht die Einladung per Mail raus, melden sich Besucher auf der Homepage des Ausstellers an. Experten sprechen von „programmierter Nacharbeit", wenn Aussteller kurz vor der Messe bei wichtigen Ansprechpartnern telefonisch nachhaken und sich den Termin abermals bestätigen lassen.

Beispiel für ein Antwortformular

> ☐ Ja, ich komme zum Stand der Alu-Tectron GmbH & Co. KG. Bitte reservieren Sie einen Gesprächstermin für mich:
> Datum: _________________
> Uhrzeit: _________________
>
> ☐ Nein, leider schaffe ich es nicht zu kommen. Bitte rufen Sie mich an, damit wir einen persönlichen Gesprächstermin vereinbaren können. Sie erreichen mich unter:
> Telefon: _________________
>
> ☐ Nein, leider schaffe ich es nicht zu kommen. Bitte senden Sie mir schriftliche Informationen zu den folgenden Produkten:
> KX-4000 ☐
> KX-4002 ☐
> KX-5000 ☐
> KX-5000.1 ☐

Wer sich von der Masse der vor einer Messe verschickten Einladungen abheben will, gestaltet die Schreiben selbst in ungewöhnlicher Weise. Der bayerische Möbeldesigner Nils Holger Moormann etwa schickt seiner Zielgruppe vier Wochen vor der Kölner „Orgatec" handgeschriebene Postkarten aus dem Urlaub. Andere Unternehmen lassen ihren Wunsch-Besuchern kleine Geschenke zukommen, die allerdings zu Firma und Produkten passen müssen. Ein weiteres Beispiel von der „Orgatec": Der Verband der Designmöbel-Händler lud 2006 mit dem handlichen Modell eines Vitra-Stuhls für seine Pressekonferenz. Der Einladungs-Text klebte auf der Sitzfläche.

Kleine, intelligent gewählte Give-Aways haben ebenfalls einen guten Werbeeffekt. Der Verbindungstechniker etwa könnte der Einladung eine Packung Klebstoff beilegen. Manche Unternehmer stellen Besuchern eine kleine Aufmerksamkeit auf dem Stand in Aussicht, dann kommen diese eventuell zuverlässiger. Andere verschicken Geschenke deshalb sogar in Etappen: Der erste Teil, etwa eines Spiels, liegt der Einladung bei. Den zweiten bekommen die Besucher, wenn sie den Stand besuchen.

Events am Stand: Werbetrommel rühren

Spektakuläre Werbeaktionen am Messestand sorgen für Aufmerksamkeit in der Halle, sind aber mit Vorsicht zu genießen. Zwar ist es grundsätzlich gut, mit der eigenen Präsentation in der Masse der anderen kleinen und mittelgroßen Aussteller aufzufallen. Doch die Show muss zum Unternehmen passen, sonst kommt die Botschaft nicht bei den gewünschten Besuchern an. Die Bikini-Modenschau beim Transportunternehmer wirkt klamaukig und billig – bei einem Hersteller von Badezimmer-Armaturen wiederum passt sie ins Bild.

Der Bezug zum Unternehmen muss klar sein. Ideal, weil gleichzeitig preiswert und treffend, sind deshalb Aktionen, in denen das Produkt die Hauptrolle spielt (siehe auch Kapitel 1 „Stand und Platzwahl"): Die Techniker eines Schweißgeräte-Herstellers lassen vor Publikum die Funken fliegen, beim Küchenausstatter gibt es live gekochte Häppchen zum Mitnehmen.

Marketingbudget: Womit Aussteller rechnen müssen

Anders als die „kooperativen" Werbeformen, die vom Veranstalter angeboten werden.– und häufig sogar zum gebuchten Messe-Paket gehören – verursachen professionelle Mailings und Events zusätzliche Kosten. Der Kauf von 3.000 Fremdadressen bei einem Adressverlag schlägt zum Beispiel mit rund 500 Euro zu Buche. Organisation und Durchführung eines Mailings an 5.000 Adressaten kosten bei einer externen Messe-Agentur mindestens 800 bis 900 Euro. Einen Prospekt texten, layouten und drucken zu lassen, rund 2.500 Euro. Natürlich können Unternehmer viele Materialien auch mit Bordmitteln selbst herstellen – der Aufwand ist indes nicht zu unterschätzen, und die meisten Aussteller dürften bei Profis besser aufgehoben sein, die Erfahrung in Gestaltung und Projektmanagement haben. Unter www.famab.de finden Unternehmer eine Liste mit Marketing- und Eventagenturen, die auf Messen spezialisiert sind.

Kongressauftritt: Podium für gute Geschäfte

Gerade im Mittelstand fungiert der Chef als Gesicht und erster Botschafter des Unternehmens nach außen. Zudem sind Unternehmer meist anerkannte Experten ihres jeweiligen Fachgebietes. Sie können den Umstand nutzen, dass immer mehr Messemacher ihre Veranstaltungen mit Fachkongressen flankieren, um die Attraktivität und Besucherqualität zu erhöhen. Kongresse sind in: Ihre Zahl steigt Jahr für Jahr. Fast jede Messe hat sich mittlerweile einen begleitenden Fachkongress zugelegt, die Tagungsbranche wuchs nach einer Studie des Fachverbands German Convention Bureau (GCB) allein 2003 um 9,5 Prozent.

Solche Foren sind eine effektive, häufig unterschätzte Möglichkeit, Aufmerksamkeit auf das eigene Unternehmen zu lenken. Denn dort stellen Chefs sich und ihr Unternehmen praktisch kostenlos bei Ausstellern und Besuchern vor. Sie erreichen ihre Zielgruppe in diesen Rahmenprogrammen sogar wesentlich treffsicherer als am Messestand: Denn Kongressteilnehmer sind nach Untersuchungen des GCB zu 48 Prozent in führenden Positionen tätig und haben ein hohes Bildungsniveau. Genau die Sorte Entscheider also, die Aussteller auf sich aufmerksam machen möchten.

Unternehmer, die regelmäßig auf messebegleitenden Foren auftreten, gewinnen auf diese Art neue Kunden, auch wenn sie gar nicht direkt über ihre Firma berichten, sondern über Fachthemen der Branche. Doch sie profilieren sich als fachkundig – und diese Kompetenz wird automatisch auch dem Unternehmen zugebilligt.

Es ist gar nicht besonders schwierig, als Redner aufs Podium zu kommen: Die Veranstalter haben häufig echte Nöte, genügend qualifizierte Referenten zu finden. Gerade bei Spezial-Kongressen greifen sie zudem gerne auf Praktiker aus der Branche zurück. Gleichzeitig suchen die Kongressorganisatoren nach passenden Themen: Unternehmer, die eigene Vorschläge machen und sich als Referenten anbieten, sind willkommen.

Wer sich für einen Kongressauftritt interessiert, recherchiert also, was das Rahmenprogramm der Messe in dieser Hinsicht hergibt und ob die angebotenen Kongresse Fachgebiete berühren, zu denen er etwas sagen kann. Dann schlägt er sein Thema direkt dem Veranstalter vor. Wer noch nie auf einem Kongress aufgetreten ist, tut dies mindestens ein Jahr vor dem Termin, damit die Veranstalter Gelegenheit haben, sich den Referenten anzuschauen.

Auch für den Redner selbst ist eine gründliche Vorbereitung notwendig, gerade bei der Premiere. Nicht ratsam ist es, den Vortrag abzulesen. Wer frei spricht, kann besser auf das Publikum eingehen und wirkt souverän, auch wenn er sich einmal verhaspelt. Manch ein Profi baut sogar absichtlich Versprecher in seinen Vortrag ein, um sympathischer zu wirken.

Unternehmer sollten in jedem Fall ein Thema wählen, mit dem sie sich auskennen, und das sie leidenschaftlich vertreten. Auf diese Weise kommen sie authentisch rüber, und die anderen Unternehmer im Publikum nehmen ihnen das Gesagte ab. Erfahrene Redner konzentrieren sich auf konkrete Beispiele und die tägliche Praxis, das ist interessanter und glaubhafter als theoretisierende Powerpoint-Folien. Aufhänger für einen Vortrag kann zum Beispiel eine kleine Exklusiv-Umfrage unter eigenen Kunden oder Lieferanten sein.

Messe-PR: Plattform für gute Presse

Die Presse und der Mittelstand – das ist ein abendfüllendes Thema. Viele kleine und mittelgroße Unternehmen tun sich schwer im Umgang mit Journalisten. Das gilt auch und gerade zur Messe. Weil viele Aussteller nicht wissen, wie Redaktionen arbeiten, verpassen sie häufig die Chance, in Zeitungsberichten aufzutauchen. Dabei ist intelligente Pressearbeit ein effektives Instrument, um die Öffentlichkeit auf das Unternehmen und seine Produkte aufmerksam zu machen.

Für Redaktionen sind Messen ein fester Anlass zur Berichterstattung. Fachmagazine und Zeitschriften bringen Vorberichte und ausführliche Artikel von der Messe, Wirtschaftsredaktionen wie Financial Times Deutschland, VDI-Nachrichten oder Handelsblatt veröffentlichen anlässlich von Messen häufig Sonderbeilagen zur Branche. Lokalredaktionen schließlich begleiten Messen mit „bunten" Berichten aus den Messehallen, bei denen kuriose Erfindungen und interessante Neuheiten für ein breites Publikum aufgegriffen werden.

Aktive Pressearbeit: Nachrichten machen

Für Aussteller gibt es grundsätzlich drei Möglichkeiten, diese erhöhte Aufmerksamkeit der Presse proaktiv für sich zu nutzen: Indem sie aktiv Informationen an die Journalisten herantragen, damit diese über das Unternehmen berichten:

Messeveranstalter bieten Ausstellern eine ganze Reihe von Kanälen an, über die sie Informationen an die Presse spielen können. Im Pressezentrum des Geländes stehen den Ausstellern Pressefächer zur Verfügung, in denen sie Material auslegen können. Nur wenige Journalisten werden allerdings die Muße finden, sich täglich durch diese Fülle zu wühlen. Kleine, unbekannte Aussteller gehen also wahrscheinlich mit ihrer Information unter.

Der zweite Kanal ist die Presseabteilung der Messe selbst: Dort produzieren PR-Leute ständig Meldungen und Nachrichten, auf die Redaktionen zurückgreifen. Auch die Themen von Ausstellern finden mitunter Verwendung. Für nahezu alle Fachmessen verteilen die Veranstalter Formblätter an Aussteller, in denen diese kurze Texte zu ihren Produkten und Neuentwicklungen einreichen können. Diese **Produktberichte** werden dann von der Pressestelle der Messe aufgearbeitet und in Branchenberichten und Pressemitteilungen verarbeitet.

Als dritter Weg bleibt der direkte Versand von Presseinformationen an die Redaktionen: die entsprechenden Verteiler mit Namen und Kontaktdaten sind beim Veranstalter erhältlich.

Grundsätzlich gilt bei allen Pressematerialien: In der Kürze liegt die Würze. Journalisten müssen mit einem Blick erfassen können, worum es geht und was an der Botschaft neu und außergewöhnlich ist. Werbe-Deutsch und Fachjargon sind ebenso verpönt wie ausschweifende Ergüsse zum Unternehmen und seiner Geschichte. Der Journalist erkundigt sich im Zweifelsfall selbst danach, wenn es ihn interessiert. **Pressemitteilungen** liefern nur Anlass und „Aufhänger" für Berichte, **Produktblätter** wiederum erläutern – für Laien verständlich – was einzelne Exponate können. Und in der **Pressemappe** sind die Hintergrundfakten zum Unternehmen zusammengefasst.

Pressemitteilung

Auf einer Messe geht es um Neuheiten – und nur wenn Unternehmer etwas Neues vermelden können, haben sie eine Chance, mit ihrer Pressemitteilung durchzudringen. Hier einige Grundregeln für die Gestaltung einer Pressemitteilung:

1. **Die Nachricht passt zu den Themen der Redaktion.** Das Fachmagazin für Wasser und Leitungstiefbau wird die Meldung über eine neue Variante der „Inline-Sanierung" von Abwasserkanälen sicher mit mehr Interesse aufnehmen als die „Financial Times".
2. **Die Sprache ist für Laien verständlich.** Am besten funktionieren Pressemitteilungen, die das Thema in wenigen Sätzen so erklären, wie man das beim Bier in der Kneipe einem Bekannten erläutern würde. Keine Angst vor einfachen Formulierungen!
3. **Die Sprache ist neutral und konkret.** Nicht: „Der KX-4000 ist die optimale Lösung für anspruchsvolle Anwender aus dem Bereich Druck." Sondern: „Der KX-4000 eignet sich für mittelgroße Umformbetriebe mit Produktionsvolumen bis 100.000 Stück pro Tag."
4. **Die W-Fragen müssen beantwortet sein.**
   - **Wer** ist der Absender? Das Unternehmen mit komplettem Firmennamen, Geschäftsfeldern und wichtigsten Produkten.
   - **Wann und Wo?** Auf welche Messe bezieht sich die Mitteilung? Termin? Stand?
   - **Was** ist die Neuigkeit? Welches Produkt soll vorgestellt werden? Was ist der Anlass für die Meldung?
   - **Wie** funktioniert das Produkt/die Dienstleistung im Einzelnen? Für wen eignet es sich?
   - **Warum** muss der Leser das alles wissen? Ist das Produkt besonders schnell oder günstig? Kann es, was niemand sonst kann?
5. **Alle Kontaktdaten stehen gut lesbar auf Seite 1.** Auf diese Weise können sich Journalisten mit Nachfragen melden.

Nun mühen sich tatsächlich viele Aussteller nach Kräften, um die Medien für sich zu interessieren – und wenn dann ein Journalist am Stand steht und beim Geschäftsführer rasch ein paar Fragen loswerden möchte, ist der gerade selbst auf Hallenrundgang und der Marketing-Chef im Kundengespräch. Alle anderen sind freundlich, aber ahnungslos. Natürlich wissen Journalisten, was auf einer Messe los ist, und dass sie mit ihrer spontanen Anfrage den Betrieb aufhalten. Dennoch müssen sie ihre Abgabetermine einhalten – und wenn sie nicht schnell genug an die benötigten Informationen kommen, ziehen sie eben weiter – zum Stand der Konkurrenz.

Gerade kleine und mittelständische Unternehmen verpassen auf diese Weise die Chance, mit ihren Produkten in Medienberichten aufzutauchen. Es gibt indes Mittel und Wege, sich auf den Glücksfall vorzubereiten, dass ein Reporter am Stand erscheint, der nach Neuheiten und Trends fragt. Sie sollten darauf vorbereitet sein, dass die Presse von sich aus auf sie zukommt – und dann schnell und adäquat reagieren.

Aussteller bestimmen zum Beispiel vorab, wen das Standpersonal in einer solchen Situation holen soll. Der beste Ansprechpartner für die Presse ist immer der Chef. Ist der partout nicht greifbar, dann springen Prokuristen, Marketing- und Vertriebsleiter oder der Produktionschef ein. Geschwindigkeit ist Trumpf.

Auf jeden Fall signalisiert das Standpersonal, dass es sich um einen Ansprechpartner bemüht. Vielleicht lässt sich ein Termin vereinbaren, an dem der Journalist wieder kommt? Zur Not muss der Reporter das Interview eben per Handy führen, wenn der Chef gerade am anderen Ende des Geländes ist. Am wichtigsten ist es aber, ehrlich zu sagen, wenn man gerade nichts für den Pressevertreter tun kann: Denn vertröstet zu werden, kostet nur unnötig Zeit.

Kontaktaufbau

Weniger Zeitdruck haben Journalisten, die neu in ihrem Metier sind und die Messe besuchen, um sich einen Überblick zu verschaffen und sich bekannt zu machen. Wer sich die Zeit nimmt, einem solchen Neuling die Branche zu erklären, Namen und Kontakte zu vermitteln, steuert nicht nur Netzwerke, sondern gewinnt auch einen Verbündeten in der Redaktion. Der Journalist wird vielleicht nicht gleich einen Artikel über das Unternehmen schreiben. Mittel- und langfristig ruft er aber mit einiger Sicherheit wieder an. Vor allem wenn das Medium, für das der Neuling arbeitet, auch für das Unternehmen interessant ist, lohnt es sich, mehr auszutauschen als nur Visitenkarten.

Medienvertreter, die sich noch nicht auskennen, sind überaus dankbar, wenn Praktiker ihnen weitere Gesprächspartner bei Verbänden oder auch bei der Konkurrenz empfehlen. Auf keinen Fall sollte man den Neuling dafür verurteilen, dass er mit dem Thema noch nicht vertraut ist – oder ihn gar mit Fachchinesisch zutexten. Besser: Geduldig auf Nachfragen antworten. Zur Not geben Chefs dem Journalisten einen Mitarbeiter an die Hand, der ihn ein wenig herum führt.

Messerundgang

Bei vielen Messen organisieren die Veranstalter am Vorabend des ersten Tages einen Rundgang durch die größten Hallen. Für Unternehmen, deren Stand entlang dieser Route liegt, ist die Pressetour eine einmalige Gelegenheit, sich zu präsentieren. Obwohl der Rundgang oft außerhalb der Öffnungszeiten stattfindet, leuchten sie Exponate gut aus, lassen Maschinen oder Präsentationen wie tagsüber laufen. Ans bereitgelegte Pressematerial heften Chefs ihre Visitenkarte – so empfehlen sie sich als Ansprechpartner für die kommenden Tage. Niemand hat indes Zeit, sich beim Rundgang weitschweifige Erklärungen anzuhören. Interessiert sich ein Journalist näher für das Unternehmen, laden Aussteller ihn für den nächsten Tag zu einem Gespräch ein.

Anfrage per Telefon

Nur ein Teil der Redaktionen ist mit ihren Reportern wirklich vor Ort auf der Messe vertreten. Fachjournalisten und Lokalreporter sind in den Hallen unterwegs und berichten zum Teil direkt vom Gelände, ebenso die Mitarbeiter von Fernsehsendern und Radiostationen, die auf O-Töne und Bilder angewiesen sind, ihre Beiträge aber meist schon vorher „disponiert" haben – das bedeutet, dass Ansprechpartner und Bildmotive längst feststehen. Nachrichtenagenturen sowie große überregionale Zeitungen entsenden ihre Reporter nur zu den wichtigsten Pressekonferenzen.

Die Autoren überregionaler Wirtschaftszeitungen und Magazine erarbeiten ihre Messe-Specials und Sonderbeilagen in aller Regel sogar vollständig von der Redaktion aus. Das heißt, sie recherchieren ihre Berichte entweder vor der Messe oder während der Messezeit aus der Ferne – und zwar per Telefon, Mail und Internet.

Immer mehr Journalisten bereiten ihre Beiträge zudem nach Magazin-Art auf. Das heißt, sie behandeln übergeordnete Themen (etwa „Deutsche Maschinenbauer setzen auf den chinesischen Markt") und illustrieren diese mit konkreten Beispielunternehmen. Ansprechpartner soll stets die oberste Führungsebene sein. Bei dem hypothetischen Maschinenbau-Artikel sähe das wie folgt aus: Der Redakteur würde eine Studie zu den entsprechenden Trends zitieren, einen oder zwei Experten befragen – und eben Aussteller, die dann ihrerseits berichten, wie sie sich auf die chinesischen Einkäufer vorbereiten: Mit Broschüren in Mandarin, Dolmetschern und Mitarbeitern, die eine interkulturelle Schulung hinter sich haben.

Wie finden nun Journalisten, die nicht auf der Messe sind, ihre Ansprechpartner unter den Ausstellern? Indem sie in der Ausstellerdatenbank recherchieren – oder die Pressestelle des Messeveranstalters anrufen. Die Anfrage beim Pressesprecher der Messe, ob er nicht interessante Aussteller zu bestimmten Themen vermitteln bzw. empfehlen könne, ist ein klassischer Rechercheweg.

Kluge Aussteller erarbeiten deshalb von sich aus möglichst einige Wochen vor Beginn der Veranstaltung ein paar Querschnittsthemen von der Art wie oben beschrieben und werden damit beim Pressesprecher der Messe vorstellig. Dabei können sie sich an den Leitthemen der Messe orientieren: Gibt es besondere technische Trends? Verändern sich die Bedürfnisse der Kunden? Ist die Branche (mithin das eigene Unternehmen) zuletzt stark gewachsen, hat sie besonders viel investiert? Grundsätzlich: Welches Branchenthema lässt sich exemplarisch am eigenen Unternehmen verdeutlichen?

Wenn der Sprecher das Unternehmen in Erinnerung behält, gibt er die Daten vielleicht an Journalisten weiter, die Beispiel-Unternehmer für ihre Storys suchen. Wichtig: Unternehmen müssen wissen und klar stellen, dass der Chef persönlich zu Interviews bereit ist.

Viele Redaktionen berichten sogar aktuell über eine Messe, ohne vor Ort zu sein. Es ist also denkbar, dass ein Journalist in der Unternehmenszentrale anruft und ein Interview wünscht, während die ganze Mannschaft auf der Messe weilt. Allzu häufig bekommen Medienvertreter dann eine Absage. Auch der wohlmeinende Hinweis „Versuchen Sie es nächste Woche wieder", bedeutet das Ende der Recherche – denn Journalisten arbeiten in engen Zeitplänen. Da kommt nur in der Geschichte vor, wer erreichbar ist.

Routinierte Aussteller sorgen deshalb dafür, dass wichtige Medienanfragen sie auch in der Halle erreichen. Vor Messebeginn legen sie genau fest, wann welcher Mitarbeiter angerufen wird und wessen Handy-Nummer man herausgeben darf. Oft genügt es, wenn der Geschäftsführer oder ein anderer Ansprechpartner mit Leitungsfunktion den Journalisten innerhalb einer Stunde zurückruft. Wichtig: Auch am Heimatstandort sollte das aktuelle Pressematerial von der Messe bereitliegen, um es bei Bedarf schnell mailen oder faxen zu können.

ZEITPLAN: Kommunikation

1 Jahr bis zur Messe

- Unternehmer prüfen gegebenenfalls, zu welchen Themen sie auf messebegleitenden Kongressen einen Vortrag halten könnten. Falls ein Thema in Frage kommt, melden sie beim Veranstalter Interesse an – und beginnen mit der Vorbereitung.

4 Monate bis zur Messe

- Wenn es das Budget erlaubt, gibt der Aussteller einen Flyer zur Standpräsentation in Auftrag.
- Soll es besondere Events und Vorführungen am Stand geben, müssen diese jetzt geplant und vorbereitet werden.
- Fachmagazine beginnen, die Vorberichte und Specials zur Messe zu planen. Es ist an der Zeit, Anzeigen zu schalten bzw. mit Neuigkeiten an die Redaktionen heranzutreten. Aussteller machen durch erste Pressemitteilungen für die Fachpresse auf sich aufmerksam.
- Wenn möglich, tragen Unternehmer sich in den Ausstellerkatalog des Veranstalters ein.

2 Monate bis zur Messe

- Die Hintergrundinformationen zum Unternehmen müssen zusammengetragen und in einer Pressemappe aufbereitet werden. Diese sollte spätestens jetzt vorliegen, um Journalisten von Monatsmagazinen bedienen zu können, die in der Regel mit vier bis acht Wochen Vorlauf recherchieren.
- Nun beginnen überregionale Zeitungen die Arbeit an ihren Sonderbeilagen. Unternehmer bieten sich bei der Pressestelle der Messe als Ansprechpartner zu Querschnittsthemen an.
- Die Werbemittel des Veranstalters wie Plakate, Siegelmarken und Lagepläne kommen zum Einsatz.

1 Monat bis zur Messe

- Einladungen (inklusive kleiner Geschenke) werden an die Zielgruppe verschickt. Um die Verbindlichkeit zu erhöhen und besser planen zu können, sehen Aussteller Antwortkarten oder die Anmeldung auf der Homepage vor.
- Die Verantwortlichkeiten werden festgelegt: Was ist zu tun, wenn Journalisten sich in der Zentrale oder am Stand melden: Wer wird angerufen? Wer gibt Auskunft?

Während der Messe

- Kurze, knackige Presseinformationen zu neuen Produkten sollten bereitliegen. Die Pressemappe mit Hintergrundinformationen erhalten Journalisten auf Anfrage.
- Geschäftsführer, Prokuristen und andere Führungskräfte sollten auch kurzfristig für Presseanfragen bereitstehen. Zur Not rufen sie vom Handy aus zurück.

ZUSAMMENFASSUNG

Ziel

Aussteller wollen die **allgemeine Aufmerksamkeit** der Medien und der (Fach-) Öffentlichkeit nutzen, um **Interesse für ihr Unternehmen** und dessen Produkte zu wecken. Sie wollen bildlich gesprochen einen **Teil des Besucherstroms**, den die Veranstalter in die Hallen holen, zu ihrem Stand umlenken. Zudem möchten die Unternehmen mit ihrem Angebot auch **über die Zielgruppe hinaus bekannter werden**.

Aufgabe

Kurzfristig geht es für Aussteller vor allem darum, **qualifizierte Kontakte an den Stand zu holen.** Mittelfristig erreichen sie mit ihrer Kommunikation auch die **Fachöffentlichkeit**, ohne dass dies sofort zu neuen Kontakten führt. Und möglicherweise können sie auch **Multiplikatoren für das Unternehmen interessieren.** Vor allem die Wirtschaftspresse berichtet in Specials und Sonderbeilagen über viele Messen. Wer hier mit seinem Unternehmen Erwähnung findet, wird bekannter und steigert sein Renommée.

Strategie

Unternehmer schicken potenziellen Kunden **persönliche Einladungen**. Sie erstellen **aussagekräftige Pressematerialien**, die sie über die Pressestelle der Messe oder eigene Verteiler an die Medien übermitteln. Beim PR-Team der Messe bieten sie sich als **Ansprechpartner zu Querschnittsthemen** an. Über den **Auftritt als Redner** bei begleitenden Fachkongressen können Mittelständler das Profil des Unternehmens schärfen. Wer von der Presse angesprochen wird, sollte **schnell reagieren**. Denn die Chance kommt so bald nicht wieder.

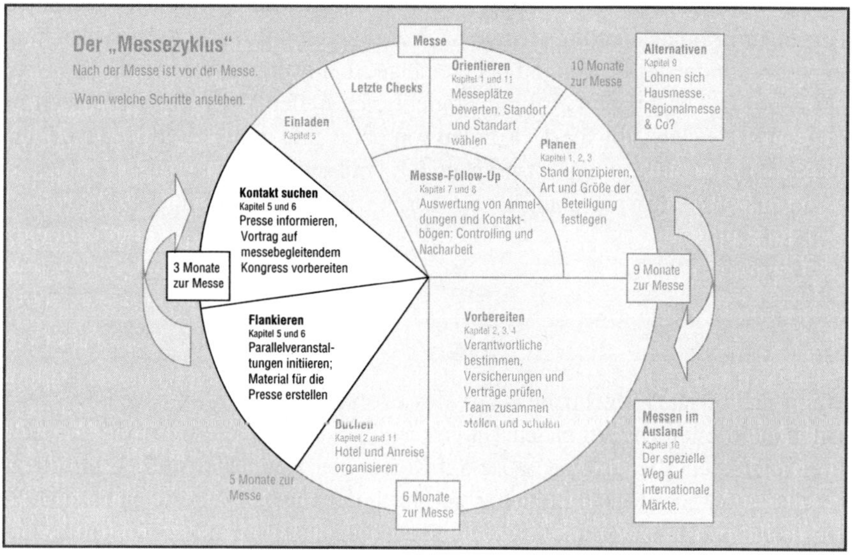

Kapitel 6

Messeumfeld: Wo Sie mögliche Kunden finden

Wer je eine Messe besucht hat oder währenddessen in der Stadt unterwegs war, weiß, dass die Messe nicht abends nach den offiziellen Öffnungszeiten endet. Aussteller und die dazugehörigen Messeteams bleiben meist mehrere Nächte, genauso wie die Mehrzahl der Fachbesucher. Die Stadt ist also auch nach Messeschluss noch voller potenzieller Kunden und anderer wertvoller Kontakte. Das Messeumfeld bietet also eine ganze Reihe von Möglichkeiten, die Besucher auch außerhalb des eigentlichen Messebetriebs anzusprechen.

Die Stärke der Messe liegt im persönlichen Zusammenbringen von Menschen mit komplementären Zielen. Anbieter und Nachfrager, Verkäufer und Kunden, Experten und Interessierte haben während der wenigen Messetage die einmalige Gelegenheit, sich ohne großen Zusatzaufwand zu treffen. Für Unternehmer bedeutet das: Ihre wichtigsten Geschäftspartner, Kunden und Zielgruppen sind während dieses Zeitfensters verhältnismäßig leicht zu greifen, denn sie sind ohnehin vor Ort.

Allerdings wetteifern die Firmen hier genauso wie am Stand um das knappe Gut Aufmerksamkeit. Wer am Rande der Messe für sich werben will, muss sich schon etwas einfallen lassen. Neben begleitenden Kongressen (siehe „Medien und Marketing: Was Aufmerksamkeit erregt“) sind vor allem Messepartys ein exzellentes Forum, um Kontakte zu knüpfen. Je nach Zielrichtung versuchen Aussteller, Karten für besonders exklusive und hochkarätige Abendveranstaltungen zu ergattern, auf denen die wichtigen Leute der Branche sich treffen. Oder sie veranstalten in eigener Regie eine Party für die Kunden von heute und morgen – in kleinem Rahmen am Stand oder in der entsprechenden Größe irgendwo sonst in der Messestadt. Selbst Produktpräsentationen müssen nicht zwingend in der Messehalle stattfinden.

Parallelveranstaltungen: Besuch muss sich lohnen

Wenn sich private Events parallel zur Messe lohnen sollen, müssen sie Besuchern einen handfesten Nutzen bieten. Natürlich gibt es auch Spesenritter, die zum reinen Vergnügen abends eine Sause auf Kosten der Aussteller machen möchten. Doch die weitaus meisten Besucher sind nach dem langen Tag in grell beleuchteten, lauten Messehallen, und mit vor Informationen schwirrendem Kopf froh, ihre Ruhe zu haben. Sie werden Einladungen nur nachkommen, wenn sie sich etwas davon versprechen.

Auch aus Sicht der Gastgeber ist das Geld für reine Vergnügungspartys knapp geworden. Kaum ein Aussteller wird in ein Event investieren, das den informellen Rahmen abseits des Messealltags nicht nutzt, um Botschaften zum Unternehmen und seinen Produkten zu transportieren. Eine gute Parallelveranstaltung verbindet für alle Seiten das Angenehme mit dem Nützlichen. Produkt und Marke sind in die Bühnenshow eingebunden, im Foyer der Party-Location sind Schaukästen aufgebaut. Die Funktion der neuen Maschine wird exklusiv nur den Teilnehmern der Parallelveranstaltung vorgeführt.

Bei Partys haben die eigenen Leute die Gelegenheit, mit Kollegen von Partnerunternehmen und möglichen Abnehmern ins Gespräch zu kommen. Ohne dass Aussteller in dieser Hinsicht Einfluss auf ihre Leute nehmen, werden die meisten auch beim Bier auf der Standparty nämlich vor allem über ihre Arbeit und ihr Unternehmen sprechen. Somit fungieren Mitarbeiter als Botschafter ihres Arbeitgebers. Weil sie dabei umgekehrt manchmal auch wichtige Informationen über die Konkurrenz sammeln, rufen Unternehmer ihr Messeteam am Morgen danach zusammen – und besprechen mit ihm, welche Kontakte man gemeinsam weiter verfolgen sollte.

Funktionen von Parallelveranstaltungen:

1. **Präsentation am Stand ergänzen**
   Am Messegang sind Raum und Zeit knapp: Wer in eine Veranstaltung im Messeumfeld investiert, nutzt die Gelegenheit, seine Produkte und sein Unternehmen dort noch einmal ausführlich zu präsentieren.
2. **Mehrwert für Besucher bieten**
   Interessante Messegäste kommen der Inhalte wegen, nicht nur um zu feiern. Außerdem haben sie einen vollen Terminkalender. Aussteller müssen ihnen einen Anreiz bieten, ihre Veranstaltung zu besuchen: Zum Beispiel eine Neuheit, die exklusiv vorgestellt wird.
3. **Kontakte in der Branche knüpfen**
   Selbst Events, die auf den ersten Blick nur dem Vergnügen dienen, sind meist Kontaktforen für die Branche. Veranstaltungen, auf denen sich die wichtigsten Entscheider treffen, sind so gleichermaßen attraktiv für Gastgeber und Gäste.

Partys besuchen: Biotope für gute Beziehungen

Jede Ausstellung hat mindestens eine legendäre Messeparty vorzuweisen, auf der sich alles trifft, was in der Branche Rang und Namen hat. Dort zeigt sich, wer dazu gehört – aber auch andere Besucher und Aussteller werden eingeladen: Wer weiß, welche Unternehmen gute Partys steigen lassen, empfiehlt sich für die Gästeliste, indem er kurz vor der Messe Info-Material anfordert: Dann wird er oft postwendend eingeladen, weil die Gastgeber die Party als Incentive für Interessenten aufziehen.

Für große Messen wie die Hannover Messe gibt es sogar regelrechte Partyverzeichnisse im Internet. Der Heise-Verlag bringt mit www.messeparties.de eine Übersicht über die besten Events parallel zur weltgrößten Computermesse CeBIT, wo zu Zeiten der New Economy Aussteller sechsstellige Euro-Beträge für rauschende Feste springen ließen. Außerdem sammelt die Redaktion dort auch Tipps zu anderen IT-Messen wie der Internationalen Funkausstellung (IFA) in Berlin.

Nach wie vor gilt der Empfang des Herstellers von Unternehmenssoftware **SAP** in der Halle 4 als exklusivstes Event der CeBIT. Wann die Party genau steigt, verrät SAP traditionell nur wenigen Eingeweihten. Auch die großen Telekommunikationsanbieter wie **O2** oder **Deutsche Telekom** veranstalten regelmäßig große Standpartys. Am Montag der Kölner Süßwarenmesse ISM lädt der mittelständische Lebkuchenproduzent **Lambertz** zur „Monday Night Party“ in den wilhelminischen „Alten Wartesaal“ des Bahnhofs, auf der sich 2006 Prominente wie Verona Pooth und Boris Becker die Ehre gaben.

Partys veranstalten: Incentive nach Messeschluss

Das Beispiel Lambertz zeigt, dass es nicht nur Konzernen vorbehalten ist, selbst eine Party zu organisieren – es muss ja nicht gleich ein Society-Abend mit Sport- und Show-Prominenz sein, die Lambertz-Chef Hermann Bühlbecker durch seine Charity-Aktivitäten kennt. Die einfachste und preiswerteste Variante ist die klassische Standparty.

Standparty

Aussteller organisieren Häppchen, Getränke und Musik – und müssen ansonsten lediglich vorab beim Messeveranstalter klären, wie lange die Halle offen bleiben kann. Manchmal wird dafür eine zusätzliche Gebühr fällig, weil das Sicherheitspersonal Überstunden macht. Wie jeder gute Gastgeber sorgen sie für ausreichende Sitzgelegenheiten. Ein Stehempfang ist eine Zumutung für Messebesucher, die den ganzen Tag lang kilometerweit gelaufen sind.

Mit einer Standparty machen Aussteller ihren Mitarbeitern, Stammkunden und Geschäftspartnern zunächst einmal einfach eine Freude. Da die meisten Messen offiziell zwischen 18 und 19 Uhr schließen und potenzielle Gäste dann ohnehin noch auf dem Gelände sind, legen viele gerne einen kleinen Absacker ein, bevor sie ins Hotel oder zu anderen Abendveranstaltungen verschwinden. Viel wichtiger aber ist der Nutzen, den Aussteller selbst aus einer Standparty ziehen: Die eigenen Mitarbeiter können – zumal auf dem Stand – auch informell die ausgestellten Produkte vorstellen. Und beim Drink erfahren sie viel über die Stimmung am Markt und Angebote der Konkurrenz.

Kundenabend

Aufwändiger und teurer ist eine Party außerhalb des Messegeländes, denn Locations sind während einer Ausstellung heiß begehrt. Unternehmer, die ihre Gäste in einer Eventhalle, einem Restaurant oder einer Disko bewirten möchten, müssen sich nicht nur zeitig um die Buchung kümmern, sondern auch mit fünfstelligen Zusatzkosten rechnen. Eventagenturen planen und organisieren solche Partys für Unternehmer. Auf der Internetseite des Forums der Marketing- und Eventagenturen (FME) gibt es eine Suchmaschine für die entsprechenden Dienstleister: www.fme-net.de.

Damit sich die Investition rechnet, binden die Profis Markenbotschaften und Produkte in die Gestaltung des Abends ein. Wände und Tische sind etwa mit Exponaten dekoriert, Speisen und Getränke stehen unter einem besonderen Motto. Das schafft Gesprächsanlässe und bleibt in Erinnerung. Ein Beispiel: Der

Stuttgarter Kosmos-Verlag lud anlässlich des zehnten Geburtstags seines Brettspiels „Siedler von Catan“ 2005 Fachhändler und Einkäufer zu einer Themenparty während der Spielwarenmesse in Nürnberg ein. Trommler und Sänger sorgten für mittelalterliche Stimmung, zu trinken gab es Met und Quellwasser.

Noch konsequenter ist ein „Kundenabend“, bei dem explizit ein Teil der Produktpalette des Unternehmens präsentiert wird. Eingeladen werden Top-Entscheider der Unternehmen, mit denen man bereits Geschäfte macht, außerdem Potenzialkunden aus anderen Firmen. Der Anreiz für die Gäste: Auf dem Kundenabend wird exklusiv eine Neuheit oder Produktvariante präsentiert, die das normale Messepublikum entweder gar nicht oder erst später zu sehen bekommt. So lud der Baumaschinen-Hersteller Caterpillar anlässlich der Messe BAUMA 1998 in München Gäste in eine nahe Kiesgrube, wo sie die Bagger des Unternehmens in Aktion erleben konnten. Daneben war ein Party-Zelt aufgebaut, in dem Caterpillar für seine Kunden edel auftischte.

Die Messegesellschaften vermitteln meist selbst passende Veranstaltungsräume an Aussteller. Die Messe Köln etwa bietet über eine Service-Tochter Events im nahe dem Messegelände gelegenen Tanzbrunnen und sogar dem Kölner Zoo. Aussteller können ihre Gäste dort zwischen Terrarien mit exotischen Echsen bewirten.

Betriebsbesichtigung

Für Unternehmen durchaus selbst organisierbar sind Touren vom Messegelände zum eigenen Werk. Voraussetzung: Der Standort ist maximal in einer Stunde von der Messe aus zu erreichen. Das ist bei vielen Fachmessen gar nicht mal ungewöhnlich, denn deren Veranstaltungsorte liegen nicht selten im Zentrum von regionalen Branchenschwerpunkten.

Das Paradebeispiel ist Nürnberg mit seiner Spielwarenmesse. Der Spielzeugproduzent Simba-Dickie im nahen Fürth unterhält am Stammsitz des Unternehmens nicht nur eine Präsentationshalle mit allen Produkten, sondern gleich daneben auch eine Gastwirtschaft mit eigenem Catering. Während der Messe organisiert die Firma einen Bus-Shuttle und verpflegt dort hungrige Fachbesucher, die sich freilich zuvor die neuen Simba-Spielwaren angeschaut haben. Für den Rest des Jahres bleibt die Kundenkantine kalt.

Vor allem produzierende Unternehmen können interessierte Techniker, Entwickler und Anwender während der Messe zur Besichtigung bitten. Sechs bis acht Wochen vor Messebeginn laden sie die Mitentscheider aus Kundenunternehmen zum Ausflug während der Messe ein, organisieren einen Bustransfer, eine Präsentation und eine Werksführung für die angemeldeten Gäste. Auf diese Weise können sie ihrer Zielgruppe die Arbeit live vorführen. Selbst bei Dienstleistungsunternehmen hinterlässt ein Besuch im Büro einen bleibenden Eindruck – und ein gutes Gefühl für Arbeitsweise und Kultur des Unternehmens. Als Ergänzung zur Präsentation am Stand ist das ideal. Zudem ist der gemeinsame Ausflug eine gute Möglichkeit, um mit den Zielpersonen ins Gespräch zu kommen.

ZUSAMMENFASSUNG

Ziel

Während einer Messe ist die **Stadt voller interessanter Kontakte**. Aussteller sollten auch die **Zeit nach Messeschluss** sowie die nähere **Umgebung des Messegeländes** nutzen, um ihre Zielgruppe zu erreichen. **Parallelveranstaltungen** sollen es ermöglichen, Kontakte zu knüpfen und zu vertiefen. Darüber hinaus müssen sie Besuchern einen **Mehrwert** bieten, denn zum reinen Vergnügen wird sich kaum jemand anmelden. Schließlich soll sich die **Investition** in das Event auch für den Gastgeber rechnen.

Aufgabe

Die Präsentation im Messeumfeld bietet einige **Vorteile: Mehr Platz** und – sofern das Event abends stattfindet – **mehr Geduld** der Gäste. Damit sich Messebesucher zur Teilnahme an einem Empfang oder Kundenabend entschließen, muss der Gastgeber ihnen **Exklusivität** bieten. Eine **Neuheit**, die noch nicht auf der Messe zu sehen war, oder eine **Maschine in Aktion**. Selbst bei einer Party werden **Botschaften** transportiert – ganz simpel, wenn sie auf dem Stand **zwischen Exponaten** stattfindet, subtiler als **Inszenierung** des Unternehmens und seiner Produkte. Messebesucher melden sich mit klaren Absichten zu einer Parallelveranstaltung an. Sie sind aufmerksamer und motivierter als das normale Tagespublikum – außerdem fällt die Ablenkung durch andere Aussteller weg.

Strategie

Aussteller besuchen eine der diversen **Messepartys**, auf denen wichtige Vertreter der Branche zu erwarten sind. Oder sie werden selbst zum Gastgeber: Die **Standparty** bietet Mitarbeitern und Kunden ein **Incentive**, ist leicht zu organisieren und bietet die Chance, bestehende **Kontakte auf informeller Ebene zu vertiefen**. Der **Kundenabend** verlegt eine aufwändige Präsentation in eine externe Location. **Produkte und Marke** werden emotionalisiert. Besucher lockt die Aussicht auf eine **exklusive Vorführung**. Wer in der Nähe des Messegeländes seinen Hauptsitz oder ein Werk unterhält, kann Messebesucher zur **Werksbesichtigung** einladen.

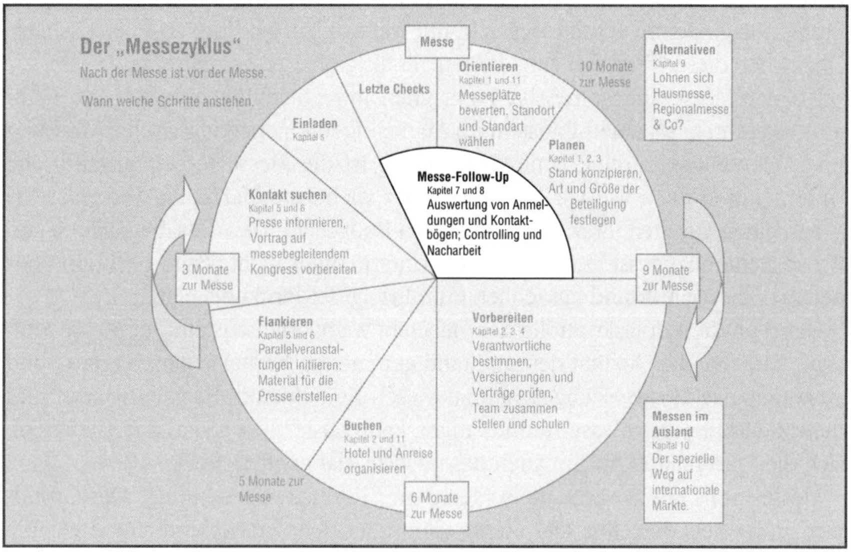

Kapitel 7

Erfolgskontrolle: Wie Sie den Wert des Auftritts messen

Fragt man mittelständische Aussteller, ob sich ihr Auftritt gelohnt hat, dann können die weitaus meisten darauf nicht genau antworten. Sicher: Die Hallen waren wie immer voll, das Standpersonal ist fast alle seine Broschüren losgeworden, der Chef war fast permanent im Gespräch mit Stammkunden – er konnte sogar den ein oder anderen Interessenten zu einem Termin in den nächsten Wochen überreden, der bisher bei der Konkurrenz eingekauft hat. „800 Besucher am Tag“, das klingt nach einem hervorragenden Schnitt. Und doch ist eine solche Zahl kein guter Parameter für den Messe-Erfolg: Wenn nämlich 90 Prozent der Besucher zufällige Flaneure auf der Jagd nach lustigem Werbematerial waren – und sich kein Profi bis zur Info-Theke durchschlagen konnte.

Exakt in Zahlen ausdrücken können Aussteller häufig lediglich die Kosten der Präsentation. Für Standmiete, Aufbauten, Unterbringung, Arbeitszeit. Und diese Kosten können schnell fünf- bis sechsstellig werden. Kein Wunder, dass mancher Aussteller am Sinn des Ganzen zu zweifeln beginnt. Kleine Firmen ziehen sich von den großen Leitmessen zurück, weil sie vor den hohen Standpreisen zurückschrecken, andere teilen die Kosten der Messebeteiligung durch die Zahl der Kontakte – und stellen erschrocken fest, dass die Maßzahl weit über den Kosten eines Außendienst-Besuchs liegt, der im Schnitt vielleicht nur mit 250 bis 350 Euro zu Buche schlägt. Doch auch dieser Vergleich taugt bestenfalls als grober Näherungswert.

Um den Messe-Auftritt messbar zu machen, muss man ihn zunächst ganz nüchtern betrachten: als einen Baustein im Marketing-Mix neben klassischer Werbung und Öffentlichkeitsarbeit. Umfragen zufolge ist die Messe für mittelständische Unternehmen nach wie vor bei weitem das wichtigste Marketing-Werkzeug. Sie geben einen Großteil ihrer entsprechenden Budgets für die Messebeteiligung aus. Umso erstaunlicher ist es, dass so viele Unternehmer nicht genau beziffern können, was dieser Aufwand tatsächlich zum Erfolg der Firma beiträgt.

Dabei ist die Erfolgskontrolle der vielleicht wichtigste Baustein der Messe-Strategie: Nur wer die Qualität der am Stand generierten Kontakte genau erfasst und auswertet, das Messe-Nachgeschäft zu diesen Kontakten in Beziehung setzt und die PR-Wirkung des Messe-Auftritts misst, kann tatsächlich genau analysieren, ob sich die Präsentation für ihn auch das nächste Mal noch rechnet.

Messe-Profis nutzen dazu die so genannte „Kontaktwertrechnung". Das Grundprinzip ist stets dasselbe: Der Messe-Controller definiert verbindliche Ziele, die sich möglichst in Geldwerten ausdrücken lassen. Dann vergleicht er das Erreichte mit dem Plan. Nach der Messe kann er ermitteln, wie hoch die zusätzlichen Umsätze waren, die aus den Messekontakten entstanden sind. Liegen diese Umsätze oberhalb der Messe-Kosten, hat die Messe eine positive Rendite erwirtschaftet. Voraussetzung für eine solche Kalkulation ist allerdings, dass sich unter den Umsätzen diejenigen identifizieren lassen, die auf die Messe zurückzuführen sind.

Kontaktwertrechnung im Überblick

1. **Zielgruppen definieren**
   Aussteller definieren vor der Messe ihre „qualifizierten Kontakte": Neukunden, Stammkunden, Multiplikatoren (wie Journalisten oder Verbandsmitarbeiter).
2. **Umsatzpotenziale ermitteln**
   Jedem potenziellen Kunden sind entsprechende potenzielle Umsätze zuzuordnen. Basis sind die Vertriebsdaten der Vergangenheit.
3. **Kontakte auf dem Stand erfassen**
   Während der Messe erfassen Standmitarbeiter genau die Strukturdaten, Kaufabsichten und Interessen der Besucher. So lässt sich später analysieren, welche Kontakte zu welcher Zielgruppe gehören.
4. **Nach-Messegeschäft bilanzieren**
   Anhand der Kontaktdaten vom Stand ordnen Messe-Controller die real getätigten Nach-Messe-Umsätze den entsprechenden Kontakten zu.

5. **SOLL und IST vergleichen**
Am Ende werden Plan und Ergebnis in Beziehung gesetzt. So ist unzweifelhaft zu erkennen, was die Messebeteiligung gebracht hat.

1. Schritt: Ziele definieren

Zunächst legt der Unternehmer fest, welche Ziele er mit der Messebeteiligung verfolgt. Messen haben im Marketing-Mix verschiedene Funktionen. Zum einen sollen sie das Image des Unternehmens und seiner Produkte fördern und verbessern. Zum anderen wollen Aussteller direkt neue Märkte erschließen. Dabei gibt es die viel beschworene „Verkaufsmesse" praktisch nicht mehr, auf der Aussteller und Besucher gleich in der Halle den Abschluss besiegeln – höchstens als öffentlichkeitswirksame Inszenierung für die Presse. Der Vertrag war dann aber meist vorher schon ausgemacht. Messen sind mittlerweile vielmehr Foren zur Kontaktanbahnung. Geschäfte werden erst nach Messeschluss gemacht.

Unternehmer sehen das recht realistisch. Eine Studie des Emnid-Instituts im Auftrag des Ausstellungs- und Messeausschusses der Deutschen Wirtschaft (AUMA) kam zu den folgenden Ergebnissen:

Für ... % der Unternehmen sind Messen geeignet zur

Steigerung der Bekanntheit des Unternehmens	85 %
Auffrischung bestehender Kundenkontakte	70 %
Neukundenwerbung	70 %
Demonstration von Marktpräsenz	63 %
Einführung/Vorstellung neuer Produkte	60 %
Steigerung der Bekanntheit von Produkten	58 %
Informationsaustausch/-sammlung	50 %
Erkennen von Kundenwünschen	50 %
Beeinflussen von Kaufentscheidungen	33 %
Verkaufs- und Vertragsabschluss	29 %

Quelle: Messefunktions- und Potenzialanalyse des Emnid-Instituts im Auftrag des AUMA (1105 befragte Unternehmen)

Für die Erfolgskontrolle mittels Kontaktwertrechnung genügen solche allgemeinen Ziele nicht. Um den Erfolg der Messe zu analysieren, muss der Aussteller sich über seine individuellen Ziele klar werden und sie in messbaren Parametern (so genannten „Items“) operationalisieren.

Welche Zielgruppen will er erreichen? Liegt die Priorität darin, neue Aufträge zu gewinnen oder allgemein am Image des Unternehmens zu arbeiten? Anschließend legt er die Struktur der Zielgruppen so fest, dass sie sich später am Stand ohne großen Aufwand erfassen lassen. Ist der Besucher bereits Kunde? Wenn ja, seit wann? Welche Produkte sind bei ihm im Einsatz? Für welche weiteren Produkte interessiert er sich? Und: Was bedeutet das für einen potenziellen Umsatz?

Unternehmer kennen den Preis ihrer Produkte sowie den Umsatz, den sie im Schnitt durch Folgeaufträge, Service-Verträge und ähnliches generieren. Sie müssen im Wesentlichen zwei Werte zusätzlich abschätzen: Den potenziellen Gesamtumsatz, den ein verkauftes Produkt bedeutet, das der Interessent auf der Messe in Augenschein nimmt. Und die Wahrscheinlichkeit, mit der der Kontakt in einen Auftrag mündet. Hier helfen Erfahrungen aus der Vergangenheit und die Einschätzung des Standmitarbeiters, der das Gespräch geführt hat.

2. Schritt: Kontakte erfassen

Der Schlüssel, um „qualifizierte Kontakte“ zu messen, ist das so genannte „Kunden-Wertpapier“: Eine Mischung aus Fragebogen und Checkliste, mit deren Hilfe Standmitarbeiter schnell und unkompliziert ihre Gespräche protokollieren. Solche Wertpapiere sollten standardisiert sein, damit Teammitglieder die wichtigsten Punkte lediglich abhaken müssen, und außerdem so kurz wie möglich sein. Wenn ein Unternehmen sehr viele unterschiedliche Zielgruppen anvisiert, kann es sich lohnen, verschiedene Bögen mit entsprechend modifizierten Spezialfragen zu entwerfen. Dennoch sind brauchbare Wertpapiere in den wesentlichen Strukturdaten und den Fragen zur Kaufabsicht untereinander vergleichbar.

Das hat nicht nur den Vorteil, dass Unternehmer mit solchen Standard-Kontaktbögen einfacher statistische Auswertungen machen können. Es erleichtert auch dem Standpersonal die Arbeit: Denn nur Wertpapiere, die gleich während des Gesprächs ausgefüllt werden, können alle relevanten Informationen enthalten. Nach Abschluss des Messetages die Gespräche aus der Erinnerung zu protokollieren, wird bestenfalls lückenhafte Ergebnisse bringen. Das Wertpapier gleich während des Gesprächs auszufüllen hat zudem eine praktische Nebenwirkung: Gast und Gastgeber folgen dem Fragebogen wie einem Gesprächsleitfaden.

Ein gutes Kunden-Wertpapier ist so konzipiert, dass es die Kontaktdaten des Besuchers enthält, ihn in eine der vorher definierten Zielgruppen einsortiert, außerdem dient es als Basis für die Messe-Nachbearbeitung, den so genannten „Follow Up“ (siehe Kapitel 8). In der Regel genügt ein DIN-A4- oder ein DIN-A5-

Blatt, auf dem die Mitarbeiter auch die Visitenkarte des Besuchers anheften können. Praktiker empfehlen, die Visitenkarten nicht an den Bogen zu tackern, sondern mit beidseitigem Klebeband zu befestigen. Nach der Auswertung der Kontaktbögen können Aussteller die Visitenkarte so wieder abnehmen.

Beispiel für ein Kunden-Wertpapier

Messe: AMB, Stuttgart **Datum/ Uhrzeit:** 12.10.2006
Gespräch führte: Peter Müller

Allgemeine Daten:
Firma:
Straße:
PLZ/ Ort:
Vorname/ Name:
Funktion/ Abteilung:
Telefon/ Fax:

Platz für Visitenkarte

Umsatz: 25 Millionen Euro (2005)
Mitarbeiter: 40
Branche: Federnhersteller

Einladung gefolgt? ☐ Ja ☒ Nein
Wie auf das Unternehmen aufmerksam geworden?
☐ Ausstellerkatalog
☐ Medienbericht
☒ Stand

Bereits Kunde? ☐ Ja ☒ Nein
Welche Systeme sind im Einsatz?
KX 3000 Anzahl ______ seit __________
KX 3002 Anzahl ______ seit __________
KX 2300 Anzahl ______ seit __________

Interesse an
☐ lKX 4000
☒ lKX 4002
☐ lKX 5000
☐ lKX 5000.1

geplante Entscheidung
☐ sofort ☒ bis 6 Monate ☐ später

Priorität
☒ hoch ☐ mittel ☐ niedrig

Vereinbart (Follow Up):

Angebot angekündigt	☐	bis 50. KW
Telefontermin	☒	bis 50.KW
Zusendung Produktunterlagen	☐	bis _______

Bemerkungen
Hat sich sehr für die neue Umformtechnik im KX 5000 interessiert.
Sicher offen für weitere Angebote.

Gesprächsdauer
☐ bis 10 Minuten
☒ 10-20 Minuten
☐ 20-30 Minuten
☐ 30-60 Minuten
☐ länger

3. Schritt: Besucherdaten auswerten

Die so notierten Daten können noch am gleichen Tag in entsprechend vorbereiteten Excel-Seiten erfasst werden. So liegen auf Wunsch sofort erste Quoten vor: zum Beispiel die Zahl der Besucher im Verhältnis zur Zahl der Einladungen oder die Zahl der gewünschten Angebote verglichen mit der Zahl der geführten Gespräche. Eine einfache Performance-Messung setzt die geplante Verteilung der Neukunden/Interessenten zum Beispiel mit der tatsächlichen Verteilung der Besucher in Beziehung.

Um solche Quoten errechnen zu können, muss der Aussteller vor der Messe festgelegt haben, welche Zusammensetzung er sich für seine Kontakte wünscht. Wie hoch soll der Anteil an Stammkunden sein? Wie hoch der an Neukunden? Wie viel Prozent der Kontakte sollen Multiplikatoren wie Journalisten oder Händler ausmachen? Denkbare Unterscheidungsmerkmale sind das Interesse an bestimmten Produkten, die Priorität als Kunde (wie viel Umsatz macht das

Unternehmen mit dem entsprechenden Partner?) oder der Einfluss im Unternehmen.

Wer Kosten und Nutzen seiner Messepräsenz abwägt, sollte bereits vor der Messe definieren: Welche Kontakte sind mir besonders viel wert, auf wen kann ich eher verzichten? Immer noch unterschätzen viele Unternehmer zum Beispiel die Bedeutung von Multiplikatoren wie Journalisten oder Händlern.

Rechnerisch setzt man nun fest, wie groß der Anteil jeder Gruppe am Besucher-Kuchen sein soll.

Dann prüft man, wie viele tatsächlich da waren: Man sieht im Ergebnis auf einen Blick, wo die strukturellen Schwächen liegen. Und aus der durchschnittlichen Abweichung lässt sich die „Messe-Performance" errechnen: Jeder Wert über 80 Prozent ist top, denn mehr ist ohne übergroßen Aufwand nicht zu erreichen. Wer deutlich runter 80 liegt, hat zu hohe Streuverluste.

Beispielrechnung: Performance der Messe-Kommunikation

Art der Kontakte	Anzahl Kontakte	Zielwert in %	IST-Wert in %		Abweichung	Durchschnittl. Abweichung	Performance
Stammkunden (‹ 40.000 Euro Umsatz mit den Produkten des Hauses)	15	30,00	18,07	18,07– 30,00 =	–11,93 %		
Premium-Stammkunden (› 40.000 Euro Umsatz)	23	35,00	27,71	27,01– 35,00 =	–7,29 %		
Multiplikatoren	15	20,00	18,07	18,07– 20,00 =	–1,93 %		
Neukunden	30	15,00	36,14	36,14– 15,00 =	21,14 %		
SUMME	83				ohne Vorzeichen addieren:	42,29/4 =	**100,00– 10,57 =**
					42,29 %	10,57 %	**89,43 %**

So weiß der Unternehmer schon am ersten Messeabend, von welchen Kunden er zu viele und von welchen er zu wenige am Stand hatte. Gleich am zweiten Tag kann er sein Marketing-Konzept anpassen: Vielleicht müssen die Verkäufer am

Stand schneller auf das neue Produkt zu sprechen kommen? Oder bestimmte Themen umgehen, weil Besucher hier reihenweise das Interesse verloren haben? Da die Gespräche dank der Kunden-Wertpapiere stark standardisiert sind, sollten Standmitarbeiter relativ klar einschätzen können, an welchen Stellen Gespräche kippen.

Viele Aussteller fügen auch Fragen nach der Bewertung der Standpräsentation in das Wertpapier ein: Wie hat Ihnen der diesjährige Aufbau gefallen? Haben Sie den Stand mit der Lage-Beschreibung gut finden können? Ist der Stand übersichtlich? Wie lange mussten Sie warten, bis Sie die gewünschten Informationen und den richtigen Ansprechpartner gefunden haben?

Fortgeschrittene befragen zusätzlich direkt das eigene Standpersonal. Niemand weiß besser Bescheid, wie der Stand angekommen ist, wo es Probleme in der Organisation gab und wie die Stimmung unter den Fachbesuchern war. Solche Umfragen sollten anonym bleiben – und eine Vertrauensperson sollte fragen. Denn viele Mitarbeiter haben Angst, den Chef zu kritisieren.

Die meisten dieser Informationen sind in den Unternehmen vorhanden. Aussteller müssen lediglich dafür sorgen, die Daten-Potenziale zu heben, sie systematisch auszuwerten und Einzelposten sinnvoll zueinander in Beziehung zu setzen. Dann lassen sie sich auch für das Nachmesse-Geschäft ausschöpfen: Wer während der Messe erfährt, wo potenzielle Partner der Schuh drückt, kann ihnen nachher maßgeschneiderte Angebote machen.

4. Schritt: Kosten-Nutzen-Analyse – der „Return on Fair-Investment" (RFI)

Sind am Ende der Messe alle Daten erfasst, kann sich der Aussteller einen ersten Überblick über die zu erwartende Rendite der Messe machen. Der „Return on Fair-Investment" (RFI, von englisch „Fair" = „Messe") gibt an, wie nahe man seinen Zielen tatsächlich gekommen ist. Die erste Kalkulation bezieht sich auf den Vergleich von **gewünschtem oder geplantem Messe-Umsatz** zum **erwarteten Umsatz**, der sich aus der vorläufigen Auswertung der Kontakte ergibt.

Dazu legen Aussteller am besten schon vor Beginn der Veranstaltung fest, wie hoch die Wahrscheinlichkeit eines Abschlusses für die verschiedenen Kunden und Produkte ist. Solche Wahrscheinlichkeiten lassen sich als Durchschnitt berechnen – aus den Erfolgsquoten nach früheren Erstkontakten zu einem Produkt. Der Prozentsatz, zu dem in der Vergangenheit aus ernsthaften Gesprächen am Messestand oder beim Außendienstbesuch ein neuer Auftrag über eben jenes Produkt geworden ist, dient als Schätzwert für die Wahrscheinlichkeit.

Im folgenden Beispiel ist lediglich eine solche statistische Wahrscheinlichkeit für eine ganze Besuchergruppe angegeben. Es kann möglicherweise aber auch sinnvoll sein, bereits im einzelnen Kunden-Wertpapier ein Item vorzusehen, das den Grad des Interesses misst. Dann würde der Standmitarbeiter ankreuzen, wie hoch er die Wahrscheinlichkeit eines Abschlusses nach dem Gespräch einschätzt.

In der Auswertung übersetzt man diese vier Kategorien in Wahrscheinlichkeiten: 0,8 („Sehr hoch"), 0,6 („hoch"), 0,5 („mittel"), 0,3 („niedrig"). **Merke:** Eine Wahrscheinlichkeit von unter 30 Prozent (0,3) ist nicht sinnvoll und sollte getrost gleich mit „Null" abgebucht werden. Mehr als 80 Prozent (0,8) kann es ebenfalls nicht geben – denn dann wäre der Abschluss schon gemacht.

Ein zusätzlicher „Gewichtungsfaktor" kann die langfristige Bedeutung bestimmter Kaufentscheidungen berücksichtigen: Dient das Produkt dem Gewinnen neuer Marktanteile? Wie groß sind Cross-Selling-Potenziale? Daraus ergibt sich der „gewichtete potenzielle Umsatz". Es ist auch möglich, solche Gewichtungen gleich in die Zahl „Potenzieller Umsatz" einfließen zu lassen. Grundsätzlich sind die hier aufgestellten Rechnungen lediglich Beispiele. Jeder Aussteller muss seine eigene Methodik entwickeln. Wichtig ist dabei, ehrlich zu sein – und sich nach der Messe auch tatsächlich an den selbst gesteckten Zielen zu messen.

Beispielrechnung:
Potenzieller Umsatz aus der Messebeteiligung

Kundengruppe	Anzahl Kontakte		Umsatzpotenzial pro Kunde		Wahrscheinlichkeit für Abschluss	Erwartungswerte		Gewicht	Gewichteter potenzieller Umsatz
A: Neukunden (vorher bei Hauptkonkurrenz)	15	×	1.200,00 €	×	0,4	7.200,00 €	×	1,35	*9.720,00 €*
B: Bestandskunde mit ‹ 5000 Euro Umsatz bisher	23	×	800,00 €	×	0,52	9.568,00 €	×	1,15	*11.003,20 €*
C: Bestandskunde mit ‹ 30000 Euro Umsatz bisher	15	×	500,00 €	×	0,63	4.725,00 €	×	1,05	*4.961,25 €*
D: Bestandskunde mit ‹ 40000 Euro Umsatz bisher	30	×	500,00 €	×	0,32	4.800,00 €	×	1,00	*4.800,00 €*
SUMME	83					**26.293,00 €**			***30.484,45 €***
					Pro Kontakt:	316,78 €			*367,28 €*

Als Ergebnis erhält der Aussteller so zwei Näherungswerte, die sich in Bezug zu den Kosten der Messebeteiligung setzen lassen – und das auf Wunsch direkt nach Messeschluss: Den Erwartungswert des Umsatzes sowie den „gewichteten" Erwartungswert des Umsatzes.

In der vorliegenden Rechnung liegt der potenzielle Umsatz pro qualifiziertem Messekontakt immerhin bei **316,78 Euro.**

Angenommen, **der Messeauftritt hat alles in allem zum Beispiel 25.000 Euro gekostet**, dann kann der Aussteller nach einem ersten Blick auf die Zahlen zufrieden sein. Der qualifizierte Kontakt schlägt mit durchschnittlich **301,20 Euro** (25.000 Euro/83) zu Buche, und liegt damit im Rahmen dessen, was auch für einen Außendienstbesuch anzusetzen ist. Zudem zeichnet sich bereits bei dieser ersten Überschlagsrechnung eine leicht positive Messe-Rendite ab. Vorausgesetzt, der Vertrieb ist in der Lage, das Interesse der Standbesucher vollständig in Aufträge umzuwandeln.

Endgültig lässt sich der monetäre RFI indes erst feststellen, wenn das Nach-Messe-Geschäft abgeschlossen ist. Dazu vergleicht der Messe-Controller den zuvor ermittelten erwarteten Umsatz mit dem tatsächlichen, auf den Messekontakt zurückzuführenden Neugeschäft. Die Abweichung gibt Aufschluss über die Rendite des Auftritts.

Beispielrechnung: Der Return on Fair-Investment

Kundengruppe	Gewichtete Erwartungswerte	Umsatz: 6 Monate nach der Messe		Umsatz: 12 Monate nach der Messe	IST-Wert Neuaufträge gesamt		Gewicht	Gewichteter Umsatz	Abweichung absolut Gewichteter Umsatz - gewichteter Erwartungswert	Abweichung in Prozent
A	*9720,00 €*	3.000,00 €	+	4.000,00 €	**7.000,00 €**	×	1,35	*9.450,00 €*	**-270,00 €**	-19,05
B	*11.003,20 €*	4.000,00 €	+	5.500,00 €	**9.500,00 €**	×	1,15	*10.925,00 €*	**-78,20 €**	-5,94
C	*4961,25 €*	1.200,00 €	+	3.800,00 €	**5.000,00 €**	×	1,05	*5.250,00 €*	**+288,75 €**	34,04
D	*4800,00 €*	0,00 €	+	4.600,00 €	**4.600,00 €**	×	1,00	*4.600,00 €*	**- 200,00 €**	14,58
Summe	***30.484,45 €***	8.200,00 €	+	17.900,00 €	**26.100,00 €**			*30.225,00 €*	**+ 836,95 €**	
Pro Kontakt	*367,28 €*				**314,46 €**			*364,16 €*		

Im Beispielfall entspricht das Ergebnis einer prozentualen **Plan-Erfüllung von 99,15 Prozent** (Gewichteter Umsatz durch gewichteten Erwartungswert mal 100 Prozent). Damit hätte der Unternehmer mit seiner Messe-Präsentation beinahe eine Punktlandung hingelegt.

Zwei weitere Kennzahlen sind in diesem Zusammenhang von Interesse: Zum einen der Umsatz pro Messekontakt, der hier bei 314,46 Euro liegt (26.100 Euro/83 Kontakte) und der gewichtete Umsatz pro Messekontakt mit 364,16 Euro (30.225 Euro/83 Kontakte). Sofern die Daten in den Kunden-Wertpapieren sorgfältig erfasst worden sind, lässt sich mit ihrer Hilfe eine Vielzahl von Analysen und Kreuz-Auswertungen anstellen. In jedem Fall ist der durch die Messe generierte Umsatz höher als die Messekosten.

Viele Rechenbeispiele aus der Praxis und eine Erläuterung der Kontaktwert-Methode finden sich im Handbuch „Messen messbar machen", von Matthias Huckemann, Urs Seiler und Dieter S. Ter Weiler. Der Ausstellungs- und Messeausschuss der Deutschen Wirtschaft (AUMA) bietet online einen „Messe-Nutzen-Check", mit dem Aussteller ihre Messeperformance berechnen können (www.auma.de/mnc/mnc.html).

5. Schritt: Image-Effekt schätzen

Mit einer ähnlichen Methode können Aussteller auch ihren Publicity-Erfolg ausloten, die zweite wichtige Messgröße. Selbst wenn die oben beschriebenen, harten Controlling-Zahlen im Minus liegen sollten, muss das keineswegs bedeuten, dass die Messeteilnahme ein Misserfolg war. Im Gegenteil: Je nach den eigenen kommunikativen Zielen können die mittel- und langfristige Öffentlichkeitsarbeit und die Imagepflege ja sogar im Vordergrund stehen. Rufen wir uns in Erinnerung: Für 85 Prozent der Aussteller war dies der Fall. Die offenen Messekosten (die nicht durch neue Aufträge gedeckt sind) dürfen deshalb durchaus als PR- oder Werbeausgaben verstanden werden.

Aussteller müssen sich vor der Veranstaltung darüber klar werden, welche Publikationen von ihren Kunden gelesen werden. Und nachher alle Presseberichte über die Firma, das Produkt oder den Stand sammeln, die im Zusammenhang mit dem Messeauftritt erschienen sind. Professionelle Clipping-Dienste können dabei helfen, die Unternehmer leicht im Internet finden. Auch viele Messeveranstalter bieten Ausstellern diesen Service an.

Wichtig bei der Berechnung der PR-Wirkung sind genaue Daten über die Zielgruppe der jeweiligen Medien. Ein großer Artikel in der heimischen Lokalzeitung dürfte in der Regel eher wertlos sein – sie erreicht weder ein breites Publikum, noch adressiert sie speziell die relevanten Entscheider. Die Meldung in einem Massenmedium wie „Focus" oder „Spiegel" dagegen wird von so vielen Menschen gelesen, dass darunter auch eine erhebliche Anzahl von Entscheidern aus der gewünschten Zielgruppe sein dürfte. Am meisten Punkte bringen Fachmedien, denn dort ist der Anteil der Entscheider an den Lesern am größten. Daten über den Anteil der „richtigen“ Leser finden sich in den „Mediadaten“ bzw. „Zielgruppenanalysen“, die alle Medienhäuser regelmäßig anfertigen lassen und kostenlos zur Verfügung stellen. Als potenzieller Anzeigenkunde können Mittelständler diese Daten in der Anzeigenabteilung des jeweiligen Verlags anfordern.

Dabei macht es einen großen Unterschied, ob das Unternehmen mit einer Meldung oder einem Seiten-Aufmacher plus Foto erwähnt wird. Für diese unterschiedlichen Formate sollten Aussteller in der Reichweiten-Berechnung einen entsprechenden Gewichtungsfaktor vorsehen. Grundsätzlich erregen Artikel mit Bild eine größere Aufmerksamkeit als Berichte ohne Foto. Schließlich ist noch wichtig, an welcher Stelle und in welchem Umfeld das Unternehmen genannt wird. Taucht es mit einem Absatz im Mittelfeld oder letzten Drittel des Artikels auf, dürfte die Publicity-Wirkung bestenfalls minimal sein, denn die wenigsten Leser schaffen es – gerade bei längeren Beiträgen – bis zum Schluss der Texte. Eine kleine Meldung unter „Neuheiten“ dagegen hat eine sehr gute Chance, bemerkt zu werden. Solche „Splitter“ sind kurz und fallen auf.

Beispielrechnung:
Durch Messe-Berichte erreichte Entscheider

Medium	**Auflage**		**Anteil der Zielgruppe an den Lesern**		**Gewicht** Aufmacher m. Bild : 100% Bericht ohne Bild: 70% Erwähnung: 15 % Meldung: 40%	**Erreichte Entscheider**
Fachmagazin	18.000	×	80 %	×	40 %	5.760
Fachzeitung	25.000	×	85 %	×	100 %	21.250
Wirtschafts-magazin	120.000	×	15 %	×	15 %	2.700
Wirtschafts-zeitung	180.000	×	22 %	×	70 %	27.720
SUMME						**57.430**

ZUSAMMENFASSUNG

Ziel

Unternehmer wenden fünf- bis sechsstellige Beträge für den Messe-Auftritt auf, haben aber **häufig nur sehr vage Vorstellungen** davon, ob sich diese Mehrkosten lohnen. Neben der **Steigerung der Bekanntheit** soll der Messe-Auftritt mittelfristig den **Marktanteil steigern, neue Märkte erschließen** und unmittelbar **zusätzlichen Umsatz generieren**. Um belastbare **Messungen darüber** anstellen zu können, **inwiefern sie diese Ziele erreichen**, benötigen Aussteller eine verlässliche Methode.

Aufgabe

Aussteller müssen ihre **Kommunikations-, Marketing-, und Vertriebsziele** vor der Messe festlegen und in messbaren „Items" operationalisieren. Das heißt, sie definieren, welche **Zielgruppen** sie in welchem Umfang erreichen möchten und welche **Umsatzpotenziale** sie sich von diesen Kontakten erwarten. Sie erheben die notwendigen Daten während der Messetage. Dann vergleichen sie die **SOLL-Werte** konsequent mit den tatsächlich erreichten **IST-Werten**.

Strategie

Zentrales Instrument für die so beschriebene „**Kontaktwertrechnung**" ist das „**Kunden-Wertpapier**". Darin erfassen Standmitarbeiter die wesentlichen **Struktur- und Kontaktdaten** der Besucher, halten außerdem den **Grad des Interesses**, eventuelle **Kaufabsichten** und die **Wünsche für den Follow Up** fest. Noch während der Messe können Aussteller so **Erfolgsquoten** berechnen und die Kommunikation auf dem Stand verbessern. Nach der Messe berechnen sie mit den Daten die **potenziellen Umsätze** und setzen sie in Beziehung zu den **Messekosten**. Nach einem vorher definierten Zeitraum ordnen sie neue Aufträge Messekontakten zu und kalkulieren den „**Return on Fair-Investment**" (RFI). Die **Publicity-Wirkung** lässt sich mit der gleichen Methode berechnen.

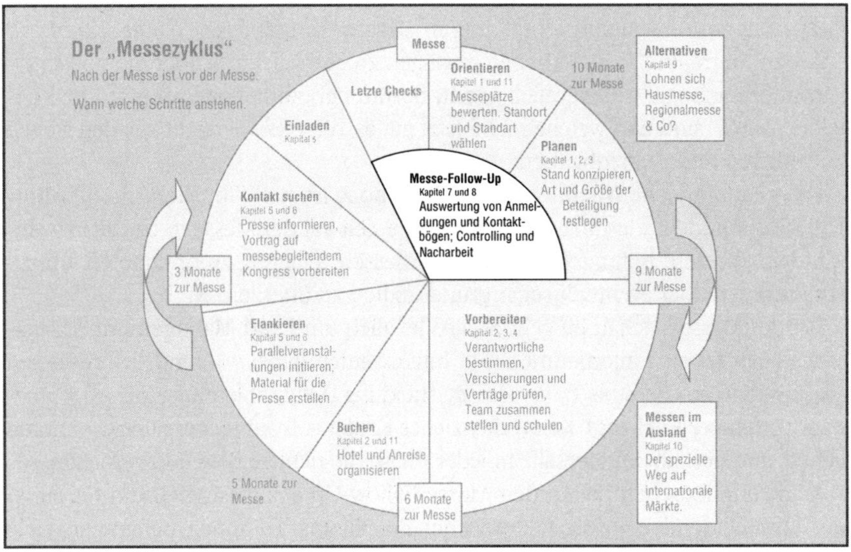

Kapitel 8

Messe-Nachgeschäft: Warum die Arbeit jetzt erst anfängt

Messen sind konzentrierte Kommunikation: Tagelang werben Unternehmer und ihre Stand-Crew für den Betrieb, erklären die Funktionsweise und Leistungsstärke der Produkte, beantworten Fragen über Fragen. Sie ziehen selbst durch die Hallen. Sie informieren sich über Konkurrenten und potenzielle Lieferanten, kommen mit Verbandsfunktionären und Fachleuten ins Gespräch und geben Interviews. Dann ist die Messe endlich vorbei und das letzte Exponat wieder verpackt – und doch fängt die Arbeit jetzt erst richtig an.

Denn die Messe selbst funktioniert wie ein Brennglas, das Informationsnachfrage und Angebot an einem Ort in wenigen Tagen bündelt. Die Ordermesse, auf der jedes Geschäft gleich perfekt gemacht wird, gibt es nicht: Deshalb wird das Gros des Messegeschäfts in den Hallen bestenfalls angebahnt. Aussteller legen Köder und knüpfen erste Verbindungen zu Interessenten. Diese noch eher losen Fäden müssen sie aber in jedem Fall hinterher wieder aufnehmen, damit aus den Kontakten tatsächlich irgendwann Kontrakte werden.

Im Marketing nennt man „qualifizierte“ Messe-Kontakte „Interests“, meistens aber „Leads“: Hinweise auf eine mögliche Geschäftsanbahnung. Unternehmen, die Gespräche und Kontakte sorgfältig in Messe-Wertpapieren (siehe Kapitel 7 „Messe-Controlling“) erfasst haben, verfügen zu Messeschluss über die notwendigen Informationen, um ziemlich genau bestimmen zu können, welche der Kontakte „Leads“ sind und welche nicht. Jetzt gilt es, diese Leads nicht aus den Augen zu verlieren und dranzubleiben.

Die systematische Nacharbeit, die dafür nötig ist, heißt im Fachjargon **Follow Up**. Sie dient nicht nur dazu, die kostspielige Zeit auf der Messe in Umsatz zu verwandeln, sondern hilft auch, die nächste Messebeteiligung zu optimieren, umzustrukturieren oder eventuell sogar grundsätzlich zu überdenken.

Bei der Messe-Nacharbeit geht es also letztlich um **Lead Management**. Idealerweise begleitet ein Unternehmen den Interessenten dabei während des gesamten Akquisitionsprozesses bis zu seiner Entscheidung (Kauf, Ablehnung des Angebotes oder vorheriger Rückzug). Kein potenzieller Käufer soll auf halber Strecke verloren gehen, und deshalb müssen alle in jeder Phase die richtige Betreuung erhalten.

Marketing-Experten halten den Messe-Follow-Up aus diesem Grund für einen der entscheidenden Erfolgsfaktoren der Beteiligung. Dennoch behandeln viele Unternehmer das professionelle Nachhaken eher stiefmütterlich: Mehr als 70 Prozent aller gewonnenen Leads werden nach einer Studie des Marktforschungsunternehmens Gartner in den Unternehmen nicht bearbeitet. Die Mehrzahl der tatsächlich bearbeiteten Leads erreichen die eigentlich zuständigen Mitarbeiter nicht innerhalb einer vertretbaren Zeit. Auf Messen bezogen sind die Streuverluste sogar noch größer: Seriösen Schätzungen zufolge werden mehr als drei Viertel der gewonnenen Messekontakte nach der Messe nicht weiter verfolgt, oder aber die Unternehmen tun dies viel zu spät.

Dabei steigt die Bedeutung des kontrollierten Follow Ups sogar: Messen, ursprünglich gedacht als Treffpunkt und Ausstellungsort für unterschiedliche Güter und Dienstleistungen, sind schnelllebiger geworden. Heute bieten sie lediglich eine (wenn auch wichtige) Ergänzung im Informationsmix. Fachbesucher sind häufig über das Internet bestens vorinformiert und kommunizieren selbst via E-Mail und Blackberry in rapide verkürzten Zyklen. Deshalb stellen sie auch andere Anforderungen an Aussteller: Diese müssen möglichst innerhalb weniger Tage den begonnenen Dialog fortsetzen. Sonst gehen sie mit ihrer Botschaft unter.

Schlampige und zögerliche Nacharbeit hat da fatale Konsequenzen, denn den Unternehmen gehen handfeste Aufträge durch die Lappen. Der Messeverband AUMA weist ausdrücklich darauf hin, dass Interessenten in manchen Branchen sechs- bis achtmal angesprochen werden müssen, ehe ein Abschluss zustande kommt. Umgekehrt gilt: Unternehmen mit professionellem Follow Up, die zwei bis drei Monate nach Messeschluss ihre Kontakte erneut auswerten, werden meist feststellen, dass der Anteil der bestellenden Kunden unter diesen Alt- und Neukontakten erkennbar gestiegen ist.

Konsequenz entscheidet

Im Gegensatz zu Großkonzernen mit ihren eigenen Messeabteilungen haben mittelständische Unternehmen nur wenig Ressourcen, um den Messeauftritt als ein Instrument im Kommunikations-Mix, eingebettet in die Gesamtmarketingstrategie, zu betreiben. Sie verfügen in der Regel auch nicht über Datenbanken für das „Customer Relationship Management" (CRM), in denen die Daten von Kunden, Leads und passende Vertriebsaktionen minutiös erfasst sind.

Dennoch können auch kleine Unternehmen ihre Messe-Nacharbeit professionalisieren. Sie benötigen dazu eine intensive und straffe Planung – und die nötige Konsequenz beim Follow Up. Inhaltlich entspricht die Nacharbeit dann dem alltäglichen Marketing- und Vertriebsgeschäft.

Messe-Follow-Up: Maßnahmen im Überblick

1. **Bestätigen: Mail oder Fax**
   Messe-Besucher, die darüber nachdenken, ob sie einem Aussteller einen Auftrag erteilen, lassen sich mit einem Bestätigungsfax oder einer E-Mail noch vom Messestand aus nachhaltig beeindrucken.
2. **Bedanken: Brief an die Besucher**
   Kunden, Interessenten und Journalisten erhalten in jedem Fall möglichst innerhalb einer Woche nach Messeschluss ein Dankschreiben für ihr Erscheinen: Das zeugt von Stil und ruft die Präsentation noch einmal in Erinnerung.
3. **Zusenden: Mappe und Unterlagen**
   Ebenfalls innerhalb der ersten Nach-Messe-Woche schicken Aussteller den Besuchern Angebote und Prospekte hinterher – wie am Stand versprochen.
4. **Vermitteln: Vereinbarte Termine**
   Es klingt banal, ist aber leider längst nicht überall selbstverständlich: Wenn Standmitarbeiter mit Besuchern vereinbaren, nach der Messe weitere Gespräche zu führen, dann ist der Vertrieb verpflichtet, diese Termine einzuhalten.
5. **Nachfassen: Anrufen, mailen, vorbeischauen**
   Wenn Besuche am Stand ohne verbindliche Absprachen enden, ist zähes Nachhaken angesagt. Vertriebsmitarbeiter sollten mit dem ausgewerteten Kontaktbogen in der Hand in den Wochen nach der Messe über verschiedene Kanäle versuchen, potenzielle Kunden erneut zu erreichen.

6. **Reagieren: Kaufinteresse nutzen**
   Bei aller Arbeit am Follow Up müssen Marketing und Vertrieb immer darauf vorbereitet sein, dass ein Messebesucher sich von selbst meldet. In einem solchen Fall müssen Unternehmen auch „passiv" akquirieren können.

Vor der Messe: Genau planen

Ein ordentlicher Follow Up beginnt lange vor der Messe. Der Vertrieb setzt existierende „Leads" als VIP-Kunden auf die Einladungsliste zur Messe. Geschäftsführer, Vertriebsbereichsleiter und einzelne Vertriebsleute animieren Kunden persönlich, mittels Telefon, Mailings, Einladungs-Briefen oder auch E-Mails, das Unternehmen auf der Messe zu besuchen. Diese Aktion kann bereits mehrstufig sein und fungiert als früher Einstieg in den Follow Up. Der Aussteller kann so absehen, wie bereitwillig sich die Adressaten für einen Besuch anmelden und für welche Themen sie sich interessieren.

Tatsächlich organisieren viele Unternehmen schon den Messeauftritt mehr schlecht als recht neben dem Tagesgeschäft. Sie glauben, zu wenig Reserven zu haben, um sich auch noch um das Messe-Nachgeschäft kümmern zu können. Wer dieses Thema vernachlässigt, kann sich die Beteiligung aber eigentlich ganz sparen. Nur sehr wenige Unternehmen sind derartige „Selbstläufer", dass sie auf ein konzentriertes, systematisches Nacharbeiten der Messekontakte verzichten können.

Im ersten Schritt bestimmen Aussteller einen Mitarbeiter, der sich fortan verantwortlich um das Thema Messe-Follow-Up kümmern soll. Genauso wie es selbst bei sehr kleinen Unternehmen immer jemanden gibt, der die Messe-Beteiligungen organisiert, muss definiert sein, wer den Nacharbeitsplan erstellt und seine Einhaltung überwacht.

Dieser Follow-Up-Beauftragte strukturiert gemeinsam mit dem Verantwortlichen für das Messe-Controlling (Stichwort „Kunden-Wertpapier", Kapitel 7) die möglichen Follow-Up-Maßnahmen und erarbeitet einen Zeitplan (selbstverständlich bietet es sich bei einem überschaubaren Messe-Auftritt an, dass beide Aufgaben vom gleichen Mitarbeiter übernommen werden). Die Nacharbeit wird in all ihren Stufen und Maßnahmen schon vor Messebeginn geplant und vorbereitet. Sie startet am ersten Messetag.

Während der Messe: Leads erfassen

Wichtigstes Arbeitsmaterial für die Nachbearbeitung ist das Kunden-Wertpapier, denn hier sind alle Informationen erfasst, mit denen Aussteller die Leads unter ihren Kontakten identifizieren können. Oft scheitert der Messe-Follow-Up schon an dieser Stelle: Zum Beispiel an fehlerhaften, unleserlichen, lückenhaften oder nicht ausgefüllten Kunden-Wertpapieren. In vielen Unternehmen sind deshalb zunächst Gespräche mit dem Standpersonal nötig, damit die Kontaktbögen auch wirklich vollständig ausgefüllt zurück an den Vertrieb gehen.

Dort müssen die erfassten Daten dann möglichst schnell zur Verfügung stehen – was in den Unternehmen nicht immer gelingt: Messeexperte Björn Jopen, Inhaber der Unternehmensberatung Fair-Control aus Gräfelfing bei München, hat an einem Messestand einmal 500 ausgefüllte Kunden-Wertpapiere gefunden, die noch aus dem Vorjahr stammten. Das ist sicher ein Extremfall, es kommt jedoch regelmäßig vor, dass Mitarbeiter die Papiere zwar ausfüllen, aber erst lange nach der Messe der erste Kollege wieder einen Blick darauf wirft. Selbst Aussteller, die Kontaktbögen bereithalten und Gespräche erfassen, brauchen häufig Wochen oder sogar Monate, um die Papiere auszuwerten und zu bearbeiten. Für den erfolgreichen Messe-Follow-Up ist das viel zu langsam.

Schon bei der Konzeption der Wertpapiere sollten Aussteller an den Follow Up denken. Die Bögen müssen für die spätere Arbeit des Vertriebs zu gebrauchen sein. Beim Nachfassen ist zum Beispiel die Frage wichtig, an welchem Tag der Woche und zu welcher Uhrzeit ein Besucher besonders gut zu erreichen ist. Erfahrene Aussteller, die auf mehreren Messen vertreten sind, arbeiten zudem mit speziellen Wertpapieren für unterschiedliche Branchen. Denn die Besucher einer Handwerksmesse haben andere Lebens- und Arbeitsumstände, Interessen und Fachgebiete als die Besucher einer internationalen Industrie-Zulieferschau.

Für eine einfachere Auswertung kommen die Antworten danach in eine Datenbank. Ein Mitarbeiter kann eigens dazu abgestellt werden, schnell und fehlerfrei alle Daten zu erfassen und möglichst auch zu erkennen, wenn Punkte fehlen. Wichtig sind dabei Plausibilitäts-Kontrollen, um falsche Angaben sofort zu ermitteln. Unvollständige Angaben über Interessenten werden durch weitere notwendige Informationen ergänzt und nach Muss-, Soll- und Kann-Kriterien gegliedert. Diese so genannte „Lead-Qualifizierung“ ist entscheidend für den Erfolg, denn nur mit validen, vollständigen Daten kann der Vertrieb die Interessenten nachher zielgerichtet ansprechen.

In der Praxis wertet ein Werkstudent oder ein guter Praktikant die einzelnen Wertpapiere tagesaktuell aus und gibt sie sofort in eine vorbereitete Excel-Maske ein. Fehlende Kontaktdaten oder Informationen zu Geschäftsfeldern und Produkten eines Unternehmens lassen sich heute recht effizient im Internet recherchieren und entsprechend ergänzen. Umsätze und andere Hintergrundfakten sind in kommerziellen Datenbanken erhältlich. Im zweiten Schritt kann der Erfasser auch direkt beim Unternehmen des Interessenten anrufen und sich erkundigen. Der

Vorteil der zeitnahen Lead-Erfassung und -Qualifizierung ist klar: So kann in der „Abendandacht" nach Messeschluss bereits über die Tagesergebnisse diskutiert werden. Und der Vertrieb beginnt sofort mit dem Follow Up.

Vor dem Follow Up: Leads sortieren

Zunächst ist aber zu unterscheiden, welche Relevanz die einzelnen Leads haben. Jeder Interessent benötigt entsprechend seiner spezifischen Situation eine andere Behandlung – und nicht alle Leads haben das Zeug zum Top-Kunden. Auf der Grundlage von vorher definierten Kriterien trennt der Vertrieb also die Spreu vom Weizen (siehe auch Kapitel 7, Messe-Controlling).

Es besteht die Möglichkeit, Leads in die Kategorien **„Hot"**, **„Warm"** und **„Cold"** einzuteilen – je nach der Bedeutung und Größe des Unternehmens, dem Geschäftsmodell und der Zielgruppe. **Hot Leads** sind ausschließlich diejenigen Interessenten, die eine konkrete Kaufabsicht oder wenigstens Bedarf signalisiert haben und sich beraten lassen möchten. Stammt ein qualifizierter Messe-Kontakt aus einer Branche, die für den Aussteller besonders interessant ist, erreicht sein Unternehmen eine bestimmte Umsatzgröße oder Mitarbeiterzahl, dann wird er für die Nachbearbeitung als **Warm Lead** klassifiziert.

Die Priorisierung kann ganz konkret dazu führen, dass ein Aussteller nur die „Hot Leads" an den Außendienst weiterreicht. Warm Leads (Interesse signalisiert, Unternehmen wichtig) und **Cold Leads** (Interesse, aber Unternehmen weniger wichtig) werden von der Zentrale aus weiter betreut. In jedem Fall legt der Follow-Up-Beauftragte fest, welche Vertriebsabteilung oder welcher Mitarbeiter fortan für den einzelnen Lead zuständig ist.

Es hat für Aussteller im Übrigen bereits einen deutlichen positiven Nebeneffekt, wenn das Team am Stand, der Vertrieb und das Marketing auf die Messe-Ziele eingeschworen sind und Gespräche und Notizen gemäß einem „Master-Plan" führen. Alle werden sich stärker auf das Wesentliche konzentrieren, Kunden gegenüber anders auftreten und sie tendenziell erfolgreicher ansprechen. Unternehmen, die das Arbeiten am Kunden-Wertpapier und den späteren Follow Up professionalisiert haben, berichten immer wieder darüber, dass sie allein durch die neuen, zielorientierten Spielregeln mehr qualifizierte Kundengespräche führen und schneller von Kundenbedürfnissen erfahren als zuvor.

Beginn der Nacharbeit: Sofort dranbleiben

Geschwindigkeit ist Trumpf, deshalb fängt der Follow Up schon nach dem Abschiedsgruß des Messegastes an. Besucher beurteilen die Leistungsfähigkeit und

Kompetenz des gesamten Unternehmens gleich positiver, wenn sie eine persönliche schriftliche Bestätigung erhalten, in der Name, Adresse und wichtige Punkte aus dem Gespräch richtig angeführt sind – und das, noch während die Messe läuft. Das Ziel sollte in jedem Fall sein, alle qualifizierten Kontakte innerhalb von acht Werktagen nach der Messe komplett abzuarbeiten. Das heißt: Die Gespräche sind vollständig erfasst und ausgewertet, Leads qualifiziert und klassifiziert, und gegebenenfalls hat ein Mitarbeiter den potenziellen Kunden noch einmal kontaktiert.

Die erste Stufe des Follow Up ist der tägliche Versand von Bestätigungsmails oder Faxen an interessante Kontakte. Absender sollte möglichst der Mitarbeiter sein, der das Gespräch geführt hat. Der Kollege dankt dem Gast für seinen Besuch, geht gezielt auf einzelne Punkte aus der Diskussion ein und wiederholt gegebenenfalls noch einmal den Termin für weitere Treffen oder Telefonate, den er mit dem Besucher vereinbart hat. Gibt es noch keinen Termin, bietet er einen an. Am Schluss des Schreibens bittet der Mitarbeiter des Ausstellers den potenziellen Kunden, dies per Rückantwort noch einmal zu bestätigen.

Solche Follow-Up-Schreiben lassen sich heute auf einem Laptop mittels Fax- oder Mailsoftware erzeugen und versenden, entweder noch in der Messe-Halle oder abends vom Hotelzimmer aus. Die Daten aus dem Gespräch sowie die Namen von Adressat und Absender stehen im Kunden-Wertpapier. Wenn Besucher um die Zusendung von Unterlagen gebeten haben, veranlasst das Messe-Team sogleich per Mail an die Zentrale, dass die bestellten Materialien an den potenziellen Kunden rausgehen. Im Idealfall findet dieser dann nach seiner Rückkehr an den Schreibtisch bereits einen persönlichen Brief mit Informationsmaterial vor und wird sofort an das Gespräch am Stand erinnert.

Auch wer trotz Einladung nicht gekommen ist, erhält einige Tage nach der Messe einen Brief mit der Information über die präsentierten Exponate („Messeprospekt", siehe Kapitel 5, Medien und Marketing). Natürlich darf auch hier das Angebot nicht fehlen, bei Interesse einen Termin für ein persönliches Beratungsgespräch zu vereinbaren. Journalisten bekommen zusätzlich die Pressemappe zugesandt, in der neben dem Messeprospekt auch Produktinformationen sowie Hintergrundfakten über das Unternehmen und Fotos enthalten sein können.

Follow-Up-Schreiben fallen unter die Rubrik Marketing, und sie sollten inhaltlich und sprachlich mit der gleichen Sorgfalt behandelt werden wie andere Werbe- und PR-Publikationen des Unternehmens – im Ton knüpfen sie aber an die persönliche Ebene an, die das Standpersonal auf der Messe aufgebaut hat. Das ist keine Frage des individuellen Fleißes der Mitarbeiter, sondern der richtigen Organisation. Aussteller können die nötigen Textbausteine bereits vor Beginn der Messe entwickeln und Platzhalter für die dann zu ermittelnden Informationen aus den Messe-Kontaktbögen vorsehen.

Beispiel für eine Nachfass-Mail direkt vom Stand:
[grau markierte Passagen sind zur Personalisierung eingefügt]

Betreff: Ihr Besuch bei uns auf der Blech Expo 2006

Sehr [geehrter Herr Maier],
schön, dass wir uns [am 12.2.] so angeregt unterhalten konnten! Es hat mich gefreut, Sie kennen zu lernen.
Wir stecken hier noch einige Zeit im Messewirbel, aber ich wollte mich dennoch zwischendurch kurz bei Ihnen melden.
Sie hatten sich sehr für unsere [neue KX-5000.1] interessiert. Damit Sie sich gleich nach Ihrer Rückkehr ins Büro ein genaueres Bild davon machen können, habe ich eben veranlasst, dass Sie die entsprechenden Produktunterlagen so schnell wie möglich per Post erhalten. [Die gewünschten Preislisten habe ich ebenfalls beigelegt.]
Falls das Paket aus irgendwelchen Gründen nicht ankommt, zögern Sie bitte nicht, mich jederzeit anzurufen.
Wir hatten auch vereinbart, dass ich oder einer meiner Kollegen sich [in der 22. KW] nochmals telefonisch bei Ihnen melden [– wann passt es Ihnen denn am besten?]
Ich freue mich, wenn Sie mir bis zum Ende der kommenden Woche per Mail Bescheid geben, wann ich Sie gut erreichen kann [und ob Sie noch weiteres Informationsmaterial benötigen].
Meine Kollegen und ich würden uns freuen, in Zukunft häufiger mit Ihnen zu tun zu haben.

Mit den besten Grüßen,
[Ihre
Gabriele Schneider
Bereichsleiterin Umformtechnik
Alu-Tectron GmbH & Co. KG
Wiedenried 181
79937 Wiedenhausen
Tel: (07242) 53 44 37 -11
Fax: (07242) 53 44 37 -19
eMail: gabriele.schneider@alu-tectron.com
Web: www.alu-tectron.com.]

Um bei dem Beispiel zu bleiben: Messegast Peter Maier, der 20 Minuten mit Gabriele Schneider gesprochen und gezielt nachgefragt hat, den Kontakt gerne vertiefen möchte und die Produkte des Unternehmens noch ziemlich genau vor sich sieht, reagiert mit Sicherheit positiv auf den persönlichen Brief. In keinem Fall möchte er ein Serien-Mailing lesen, in dem die eigenen Produkte oder der Messe-Auftritt in den höchsten Tönen gelobt werden, oder das sich allein in Werbe-Slogans ergeht – und sei dieses Mailing noch so aufwändig gestaltet.

Solche Messe-Schreiben laufen ins Leere, denn Einkäufer müssen permanent Marketing-Botschaften über sich ergehen lassen. Auch der Hinweis auf das neue Produkt samt Bestellmöglichkeit versandet häufig im Nirgendwo. Beim Lead Management geht es vielmehr darum, den Ball im Spiel zu halten – und nicht auf der nächsten Stufe des Follow Ups wieder hinter das Erreichte zurückzufallen.

Die nächste Stufe: Nachhaken per Telefon

Wenn die Messebeteiligung ernst gemeint ist, hält sich der komplette Vertrieb zwei bis drei Wochen nach der Veranstaltung von anderen Terminen frei. Denn in dieser Zeit arbeitet er die Messe auf. Jedem Vertriebsmitarbeiter werden Messe-Leads zugewiesen, inklusive der bisherigen Kontakthistorie: Von der Einladung zur Zusage mit oder ohne Terminwunsch, über die Art und Dauer des Standbesuchs, bis hin zu Vereinbarungen und Wünschen. Der richtige Zeitpunkt für einen Anruf sollte sich ebenfalls aus dieser Lead-Akte ergeben: Wann hatte der potenzielle Kunde während der Woche am besten Zeit? Hat er auf die Nachfass-Mail hin bereits einen Terminwunsch angegeben?

Es ist für Verkäufer wichtig, diese Informationen im Blick zu behalten, denn der Kunde will bei einem Anruf sofort wissen, worum es geht – er braucht einen „Aufhänger“. Verkaufstrainer weisen immer wieder darauf hin, dass Geschäftsführer im Durchschnitt pro Tag vier oder fünf Anrufe von Verkäufern erhalten. Es gibt weitere universelle Regeln für die Telefon-Akquise, die sich auch auf das Nach-Messe-Geschäft anwenden lassen.

Fünf Tipps für Nach-Messe-Telefonate

(In Anlehnung an Hans Christian Altmann, „Mut zu neuen Kunden“, Redline Wirtschaft 2004)

1. **Nur fünfmal läuten lassen**
   85 Prozent aller Angerufenen gehen bereits vor dem vierten Klingeln ans Telefon. Wer es danach noch tut, ist mit hoher Wahrscheinlichkeit gehetzt und unwillig – sicher nicht die beste Voraussetzung für ein erfolgreiches Gespräch.

2. **Nicht ewig in der Leitung warten**
   Anrufer sollten aus der Leitung gehen, wenn das Weiterverbinden aus Zentrale oder Vorzimmer länger dauert als 30 Sekunden. Auch dann ist die Wahrscheinlichkeit groß, dass der Ansprechpartner etwas Wichtiges unterbrechen muss.
3. **Zeitplan und Rhythmus einhalten**
   Verkäufer sollten an den auf der Messe vereinbarten Terminen festhalten, und – falls sie niemanden erreichen – die Anrufe in festen Abständen wiederholen. Selbst wenn ein Lead es sich beim ersten Anruf anders überlegt, hat der Vertrieb nach drei Monaten beim wiederholten Nachhaken immer noch mehr Anhaltspunkte als bei einer Kalt-Akquise. Außerdem kann der Ansprechpartner seine Meinung längst geändert haben.
4. **Keine Rückrufe vereinbaren**
   Falls der potenzielle Kunde nicht erreichbar ist, sollten Verkäufer nicht neue Termine absprechen, sondern einfach wieder anrufen. Wer seine Telefonliste mit lauter Rückrufen überfrachtet, verliert den Überblick.
5. **Keine Nachrichten hinterlassen**
   In der Regel sollten Verkäufer auch keine Nachrichten hinterlassen oder um Rückruf bitten. Denn der potenzielle Kunde hat sein Interesse bereits durch den Standbesuch bekundet. Er wartet jetzt zu Recht auf den nächsten Schritt.

Angenommen, der Vertriebsmitarbeiter kommt mit seinem Anruf durch. Er stellt sich vor, erinnert gegebenenfalls an das Treffen auf dem Messestand und knüpft gleich an die Themen aus dem Messe-Kontaktbogen an. Es gibt nun drei denkbare Reaktionen des potenziellen Kunden:

Die erste Möglichkeit: Der angerufene potenzielle Kunde wird gleich konkret und beginnt zu verhandeln – dann ist das Gespräch nicht mehr Bestandteil des Messe-Nachgeschäfts, sondern wird zum Neugeschäft.

Die zweite Möglichkeit: Der Lead signalisiert Interesse, braucht offenkundig aber weitere Bedenkzeit. Dann kann es für den Verkäufer notwendig werden, ihn gezielt auf einen weiteren verbindlichen Gesprächstermin hinzulenken. Akquise-Experte Hans Christian Altmann rät zur ABC-Strategie (für Aktion, Bonus, Commitment). Bezogen auf das Messe-Nachgeschäft könnte das wie folgt aussehen:

A – Aktion (bewegt den Kunden zu einer Handlung):
„Herr Maier, was halten Sie davon, wenn ich in den kommenden 14 Tagen einmal persönlich bei Ihnen im Büro vorbeikomme und das Produkt vorstelle?“

B – Bonus (stellt dem Kunden einen Vorteil in Aussicht):
„Dann könnte ich Ihnen auch einige neue Muster mitbringen, die wir auf der Messe nicht zeigen konnten. Außerdem könnte ich schon einmal nach den Modifizierungen schauen, für die Sie sich interessiert haben."

C – Commitment (schafft Verbindlichkeit):
„Ich hätte kommenden Donnerstag Nachmittag zwischen 15 und 17 Uhr Zeit, oder Freitag Vormittag ab 10 Uhr. Wann würde es Ihnen besser passen?"

Die dritte Möglichkeit: Der Lead wiegelt ab. Auch dann muss ein guter Verkäufer noch lange nicht aufgeben, denn inhaltlich hat der potenzielle Kunde sein Interesse auf der Messe ja bereits kundgetan. Dass er es sich anders überlegt hat, kann verschiedene Gründe haben (Ausgabenstopp, Strategiewechsel, Zeitmangel, ein Angebot der Konkurrenz). Es lohnt sich jedenfalls im Gespräch zu bleiben. Der Verkäufer fragt also, ob er sich noch einmal melden darf oder ob der potenzielle Kunde vielleicht später an neuen Angeboten interessiert ist. Falls auch das nicht zieht und sofern der Angerufene nicht klipp und klar sagt, dass er auf keinen Fall mehr von dem Unternehmen hören will, setzt der Verkäufer den Ansprechpartner zumindest auf die Einladungsliste für die nächste Messe.

Zeitplan

Vor Messebeginn

- Unternehmen bestimmen einen Verantwortlichen für den Messe-Follow-Up, der fortan die Einzelmaßnahmen plant, Ziele und Termine festlegt, Vorlagen erstellt und Texte verfasst.
- Er weist auch das Standteam ein und sorgt für die nötige Ernsthaftigkeit beim Ausfüllen der Kontaktbögen.

Während der Messe

- Die Messekontakte werden im Messekontaktbogen (Kundenwertpapier) protokolliert.
- Möglichst noch am gleichen Tag pflegt eine Hilfskraft die Daten in eine Datenbank ein und ergänzt Lücken mit eigenen Recherchen (Internet, Datenbanken, Telefon).
- Daraus klassifiziert der Follow-Up-Manager gemeinsam mit seinen Vertriebskollegen die „Leads", zum Beispiel in „Hot", „Warm" und „Cold".

Erste Stufe

- Möglichst am selben Tag versendet das Standteam Bestätigungs- und Dankes-E-Mails an Besucher und Journalisten, die erschienen sind.
- Wünschen die Kunden schnell weiteres Informationsmaterial oder ein Angebot, dann geht die Anforderung dafür ebenfalls noch vom Messestand aus an die Zentrale.
- In den Tagen nach der Messe sendet der Aussteller allen Leads die gewünschten Unterlagen zu.

Zweite Stufe

- Je nach Produktgruppe, Gebiet, Mitarbeiter und Lead-Klassifizierung werden jedem Vertriebsmitarbeiter die entsprechenden Kontakte zugewiesen. Fortan kümmert er sich um den Follow Up.
- Die Verkäufer melden sich zu den vereinbarten Terminen telefonisch – oder rufen proaktiv bei potenziellen Kunden an. Im Gespräch knüpfen sie unmittelbar an die bisherigen Kontakte auf der Messe und in der Nachfass-Mail an.

Dritte Stufe

- Falls der potenzielle Kunde sich auf der zweiten Stufe nicht für die Auftragsvergabe entscheidet, haken Verkäufer ein weiteres Mal nach.
- Eventuell bieten Sie einen Vor-Ort-Termin an – in jedem Fall stellen sie dem Kunden dazu exklusive Informationen in Aussicht.

ZUSAMMENFASSUNG

Ziel

Der weitaus größte Teil des **Messegeschäfts** wird **nicht direkt in den Hallen** gemacht, sondern **bestenfalls angebahnt**. Die so generierten „**Leads**" – potenzielle Interessenten für die eigenen Produkte – darf der Aussteller nicht aus den Augen verlieren, sonst bleiben sie **unverbindliche Zufallstreffer**. Das Potenzial, das sich mit **professionellem Nacharbeiten** von Messe-Kontakten heben lässt, ist enorm: Experten schätzen, dass bis zu **80 Prozent aller Messekontakte** nicht weiter verfolgt werden. Umgekehrt müssen Entscheider je nach Branche **sechs- bis achtmal** angesprochen werden, ehe sie sich zum Kauf entschließen.

Aufgabe

Aussteller räumen der **Messe-Nacharbeit** häufig nicht genügend **Priorität** ein. Sie sollten einen **systematischen „Follow Up"** organisieren, der den **Dialog** mit potenziellen Kunden ständig am Laufen hält, und versuchen, **auf jeder Stufe** einen Schritt in Richtung Abschluss zu gehen. Der **Messe-Auftritt** selbst ist nur ein **Baustein** im „**Lead Management**".

Strategie

Vor Beginn der Messe wird **ein Mitarbeiter** mit dem Thema Follow Up betraut. Er erstellt einen **Zeitplan**, entwirft die nötigen Dokumente (**Einladung, Nachfass-Mail, Dankesschreiben**) für die verschiedenen Stufen und sorgt dafür, dass der **Messekontaktbogen** für die spätere Handhabung im Vertrieb optimiert ist. Auf der Grundlage der während der Messe am Stand erfassten Daten sendet der Aussteller sofort **Bestätigungs- und Dankesmails** oder Faxe an potenzielle Kunden. Nach der Messe plant der Vertrieb zwei bis drei Wochen ausschließlich zur **Messe-Nacharbeit** ein: Mit **telefonischem Nachhaken** und **Außendienstbesuchen** – Grundlage ist eine „Kundenakte" mit allen Informationen über die bisherigen Kontakte zum Kunden.

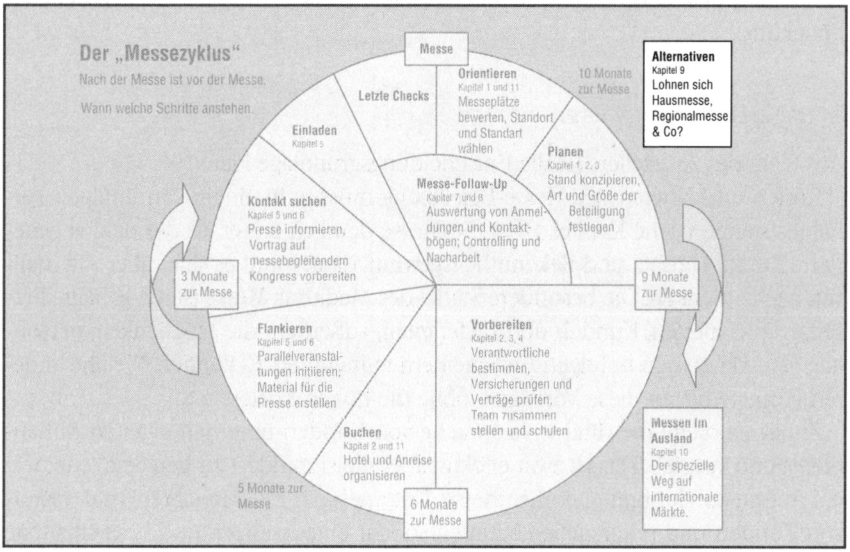

Kapitel 9

Alternativen zur Messe: Wie Sie die Sache selbst anpacken

Die Messebeteiligung ist beileibe keine Allzweckwaffe. Immer mehr mittelständische Aussteller fühlen ein gewisses Unbehagen, wenn sie an den teuren und aus ihrer Sicht häufig unübersichtlichen Leitmessen der Branche teilnehmen. Selbst ohne eine systematische Erfolgskontrolle erkennen sie, dass sich die Teilnahme nicht mehr wirklich rechnet – doch die meisten bleiben, weil sie glauben, keine Alternative zu haben. Unter bestimmten Bedingungen und bei besonderen Marketing-Zielen gibt es diese Alternativen aber durchaus.

Dabei handelt es sich bisher noch um Ausnahmen. Messen sind nach wie vor der wichtigste Bestandteil im Marketingmix deutscher Unternehmen. Immer wieder haben dies Studien bestätigt – die Messe-Beratung Beiersdorff etwa hat in einer Umfrage unter Teilnehmern der Hannover Messe Industrie festgestellt, dass für 41 Prozent aller Unternehmen die Messebeteiligung noch vor dem Inhouse-Marketing (38 Prozent) und PR-Maßnahmen (13 Prozent) das bevorzugte Marketing-Instrument ist. 76 Prozent sehen keine Alternative zur Messebeteiligung.

Immerhin: 15 Prozent halten Hausmessen und Anwenderkonferenzen bereits heute für genauso wichtig. In manchen Branchen fällt dieser Wert noch deutlich höher aus.

Wann der Wechsel lohnt

Aus Sicht des Ausstellers ist die Entscheidungsgrundlage klar:

Kosten und Nutzen der Messe-Beteiligung müssen in einem vernünftigen Verhältnis stehen (siehe Kapitel 7). Ist die Messe deutlich teurer als der daraus generierte Zusatz-Umsatz und Bekanntheitsgewinn, dann lohnt es sich, über Alternativen nachzudenken. Die besondere Stärke des Mediums Messe ist die geballte Präsenz von Experten, Kunden und Lieferanten, außerdem die Möglichkeit, persönlich Kontakt zu den richtigen Entscheidern aufnehmen zu können. Welche anderen Formate bieten diese Vorzüge – ohne die hohen Kosten?

Zunächst bleibt die direkte Ansprache von Kunden über den eigenen Außendienst und Vertrieb. Das ist zwar effektiv, aber meist mindestens genauso teuer wie ein Auftritt auf der Branchen-Leitmesse. Unternehmer müssen klären: Ist der Kreis von Kunden und potenziellen Kunden so klar einzugrenzen und überschaubar, dass man sie vielleicht zu einer selbst organisierten Hausmesse einladen kann? Ist das eigene Publikum vorwiegend regional orientiert, bietet sich also der Auftritt auf einer lokalen Messe an? Oder kaufen vor allem Endverbraucher die Produkte des Unternehmens?

Entscheidung für oder gegen die klassische Messe

1. **Kosten höher als messbarer Nutzen?**
   Wenn die Beteiligung an der überregionalen Branchenschau deutlich mehr Kosten schafft als Nutzen, sollten Unternehmer in keinem Fall weiter teilnehmen. Manche Aussteller verkleinern auch ihren Stand auf der Leitmesse und suchen zugleich nach ergänzenden Alternativen.

2. **Zielgruppe besonders groß?**
   Hat das Unternehmen vor allem Endverbraucher im Visier, wird es diese kaum effizient auf einer großen Leitmesse erreichen können. In diesem Fall ist klassisches Marketing sinnvoller.

3. **Zielgruppe immobil?**
   Je nach Branche erweisen sich auch Fachbesucher teilweise als wenig reiselustig. Vor allem Handwerker bevorzugen oft Regionalmessen, die sie am selben Tag erreichen können. Wer eine solche Zielgruppe ansprechen möchte, ist möglicherweise mit dem Auftritt auf mehreren Regionalschauen gut bedient.

4. **Zielgruppe woanders?**
Der Seitenblick auf die Messen anderer Branchen kann sich auszahlen: Ein Nutzfahrzeug-Ausstatter, der Bullys mit Werkstatt-Einbauten versieht, geht auf der IAA Nutzfahrzeuge glatt unter – auf Handwerker-Messen fällt er dagegen mit Sicherheit auf.

5. **Zielgruppe fachlich begrenzt?**
Unternehmen, die einen kleinen, klar definierten Kreis von Fachleuten ansprechen möchten (oder die einen sehr hohen Anteil an Stammkunden haben), denken über eine Hausmesse nach.

Alternative 1: Regionalmesse

Die Suchmaschine des Ausstellungs- und Messeausschusses der Deutschen Wirtschaft (AUMA) listet pro Jahr fast 200 regionale Messen auf. Vor allem sind dies Messen des lokalen Handwerks wie die „**Haus-Garten-Freizeit**" in Leipzig oder die „**SHK – Fachmesse für Sanitär-, Heizungs-, Klimatechnik und regenerative Energien**" in Essen. Zum Teil finden sich regional konzentrierte Branchen in einem eigenen lokalen Forum zusammen, wie etwa bei der Messe der Kunststoffverarbeiter „**KMO**" in Bad Salzuflen.

Andere Messen – wie die 2007 erstmals stattfindende „**Supply**" in Essen – sollen einen Teil des Marktes abdecken. Dort treffen sich Zulieferbetriebe aus dem Ruhrgebiet, dem Bergischen Land und den Benelux-Staaten. In Ost- und Süddeutschland gibt es mit „**Z**" und „**Interpart**" ähnliche regional zugeschnittene Zuliefermessen.

Schließlich existiert eine Vielzahl regionaler Verbraucher-Ausstellungen wie die Boot- und Camping-Messe „**Freizeit, Garten und Touristik**" in Nürnberg oder die „**Magdeboot**" in Magdeburg, auf der Besucher gebrauchte Wassersport-Ausrüstung kaufen können.

2005 hat der Zentralverband Sanitär Heizung Klima (ZVSHK) in einer Umfrage unter seinen Mitgliedern ermittelt, dass Regionalmessen wie die SHK in Essen aus Sicht des Handwerks eine der wichtigsten Informationsquellen für neue Produkte und Technologien sind. Grund: Fachbesucher scheuen zunehmend die weite Anreise sowie überzogene Übernachtungs- und hohe Eintrittspreise der überregionalen Fachmessen. Außerdem können es sich gerade Handwerker nicht erlauben, tagelang im Betrieb zu fehlen.

Die Regionalschau bietet Besuchern und Ausstellern eine Plattform, auf der sie in kürzester Zeit viele Stammkunden und potenzielle Kunden treffen können. Naturgemäß haben diese keine weite Reise hinter sich. Ein potenzieller Abnehmer aus Bayern wird kaum eine Regionalmesse im Ruhrgebiet besuchen. Besonders geeignet sind die lokalen Foren deshalb außer für Handwerker für in der Region tätige Händler, die Produkte vor Ort verkaufen wollen und auf Folgeaufträge hoffen. Hier ist zwischen Verbrauchermessen und Business-to-Business-Veranstaltungen (B2B) zu unterscheiden.

Die Besucher einer Regionalmesse können ihrerseits sicher sein, dass alle für sie wichtigen regionalen Ansprechpartner der Außendienst-Organisation für persönliche Gespräche zur Verfügung stehen. Selbst die flächendeckenden Außendienst-Organisationen großer Unternehmen schaffen es nur selten, alle Kunden jährlich persönlich anzusprechen. Auf der Regionalmesse wird das möglich, weil die Kunden ohne zusätzliche Kosten zum Stand des Unternehmens kommen können.

Der Aufwand für eine Regionalmesse wird allerdings von Ausstellern häufig unterschätzt. Denn genauso wie bei Großmessen ist bei diesen Veranstaltungen eine ordentliche Standmiete fällig, die in der Regel nur etwa um die Hälfte niedriger ist als bei einer thematisch verwandten überregionalen Messe. Stand und Präsentation sollten ähnlich professionell erscheinen wie bei einer Branchenschau. Da sollte schon zusätzlicher Umsatz zu erwarten sein, sonst lohnt die Teilnahme nicht.

Alternative 2: Lokales Wirtschaftsforum

In den vergangenen Jahren haben sich neben den Regionalschauen Kongresse etabliert, die manchmal auch einen kleinen Ausstellungsteil angliedern. Ein ganz neues Konzept sind lokale Wirtschaftsforen, wie sie der Braunschweiger Unternehmer Ulf Hofes seit 2003 unter der Marke „Business to Dialog“ (B2D) organisiert. Auf seinen so genannten „Dialogmessen“ sollen lokale Anbieter und Nachfrager aus dem Mittelstand sich treffen.

Hofes mietet eine Halle und organisiert einfachste Stände aus Paravents und Empfangstischen. Dort stellen dann Unternehmer aus den verschiedensten Branchen aus: Tiefbau-Unternehmen, Ingenieur-Büros, Elektriker, Tischler, Architekten, Speditionen, auf Geschäftsreisen spezialisierte Reisebüros, Steuerberater, PR- und Werbeagenturen. 2006 hat der Messemacher zehn „B2D“-Foren veranstaltet, die größte in der Veltins-Arena auf Schalke – auf 8.500 Quadratmetern präsentierten sich dort 300 Aussteller. Er arbeitet inzwischen mit mehr als 50 Organisationen und Verbänden zusammen, darunter der Bundesverband Mittelständische Wirtschaft (BVMW).

Im Unterschied zu Verbrauchermessen werden ausdrücklich keine Endkunden angesprochen, sondern nur Unternehmen. „In den Unternehmen sind auf Besucherseite die Sachbearbeiter und Abteilungsleiter jedoch ebenso wichtig wie der

Chef selbst. Dementsprechend hochwertig ist auch die Qualität von Ausstellern und Besuchern", wirbt Hofes auf seiner Website www.dialogmesse.de. Er rühmt sich eines Fachbesucheranteils von 97 Prozent. Aussteller sollen potenzielle Abnehmer und Lieferanten aus der Nachbarschaft kennen lernen.

Die „B2D"-Foren gleichen eher Mittelstands-Kongressen als Messen: Firmenchefs, Mitarbeiter der Kammern und Wirtschaftsverbände, Lokal- und Regionalpolitiker knüpfen informelle Kontakte. Unternehmer lernen potenzielle Geschäftspartner aus allen denkbaren Gewerken persönlich kennen. Der Nachteil: Weil so viele Branchen vertreten sind, gerät das lokale Wirtschaftsforum leicht zum Gemischtwarenladen. Besucher haben dann nur noch eins gemeinsam: Nämlich dass sie Unternehmer sind.

Dafür ist die Präsentation vergleichsweise preiswert: Die „Dialogmesse"-Macher vermieten robuste, mit Stoff bespannte Holzgerüste für den Standbau, auf denen Aussteller Poster, Plakate und Tafeln mit Nadeln oder doppelseitigem Klebeband befestigen sollen. Die Serienausstattung umfasst eine Präsentationstafel, einen Tisch und drei Stühle, einen Teppich und einen 220-Volt-Stromanschluss – Kostenpunkt in einfacher Lage: 540 Euro netto. Existenzgründer erhalten darauf sogar noch Rabatt. Der Großteil (80 Prozent) der Engagements kostet so inklusive Nebenkosten und Besucher-Einladungen weniger als 1.000 Euro.

Alternative 3: Hausmesse

Die Marktforscher der Unternehmensberatung Uniplan stellen dem Marketing-Instrument Messe in ihrer Studie „Live-Trends 2006" eigentlich ein gutes Zeugnis aus: 30 Prozent der für die Studie befragten Firmen halten Messeauftritte für bestens geeignet, um die Markenbekanntheit zu erhöhen, 24 Prozent sehen in ihnen ein Instrument zur Stärkung der Kundenbindung. Und doch fördern die Uniplan-Ergebnisse in einem Punkt auch große Skepsis zu Tage: Nur elf Prozent der Unternehmen trauen einer Messe Potenzial bei der Erhöhung von Verkäufen zu. Genau darum aber sollte es für Mittelständler gehen, die 60 Prozent ihres Marketingbudgets für die personalisierte Kommunikation auf der Messe aufwenden.

Die Regionalmesse hat dabei den Vorzug, dass Kunden mit geringerem Aufwand zum Messestand kommen können, und Unternehmen außerdem Endverbraucher aus dem lokalen Umfeld erreichen – die Kosten für Aussteller liegen um die Hälfte unter denen einer thematisch vergleichbaren überregionalen Messe. Kongresse und Unternehmerforen à la „B2D" zeichnen sich durch noch wesentlich geringere Teilnahme-Kosten aus, der Fachbesucheranteil bewegt sich in Richtung 100 Prozent. Dafür sind die „B2D"-Treffen thematisch häufig recht weit gefasst, und auf Kongressen besteht in der Regel nicht die Möglichkeit, Exponate zu präsentieren.

Wenn Unternehmen eine sehr klar begrenzte Zielgruppe von Fachbesuchern ansprechen möchten, die zudem bereit sind, die Anreise anzutreten, dann können sie die Produktpräsentation auch selbst in die Hand nehmen. Anders als bei einer überregionalen Branchenmesse erreichen Unternehmen so zwar nur schwer neue nationale oder internationale Geschäftskunden. Doch wer vor allem die Cross-Selling-Potenziale innerhalb seiner Stammkundschaft erschließen möchte, kann über eine eigene Hausmesse nachdenken.

Hausmessen sind eine Mischung aus Kundenveranstaltung und Verkaufsschau. Das große Plus gegenüber der klassischen Branchenschau ist hier die Besucherstruktur – denn sie lässt sich bei der Hausmesse sehr gut steuern: Unternehmer laden vor allem bestehende Kunden ein, außerdem Lieferanten und Geschäftspartner. Potenzielle Neukunden erfahren so aus erster Hand von zufriedenen Auftraggebern, was das Unternehmen leistet – diese machen also kostenlos Werbung. Das Event ist zudem häufig ein willkommener Anlass für Berichte in der Lokal- und Fachpresse. Dies gilt umso mehr, als Hausmessen im Mittelstand immer noch nicht sehr weit verbreitet sind – vielleicht bietet sich genau dieser Umstand als Aufhänger für einen Artikel an.

Die Kalkulation sieht wie folgt aus: Einerseits entfallen die Reise- und Unterbringungskosten für das eigene Personal, und das Unternehmen muss auch keinen Stand bauen. Dafür benötigen sie aber eine andere Präsentationsfläche oder -halle und ausreichend Parkplätze für die Gäste. Als gute Gastgeber sorgen sie für ein ordentliches Catering und zusätzliche Toiletten. Für die Lieferanten bietet sich ein Gemeinschaftsstand an, auf dem diese ihre Produkte und Vorleistungen für den Hauptorganisator der Hausmesse zeigen. Um die Hausmesse attraktiver für Entscheider mit weiter Anreise zu machen, laden Unternehmer interessante Fachleute auf Firmenkosten ein, die dann im Rahmen der Hausmesse Vorträge halten oder Workshops organisieren.

Beispiel: Die Hausmesse der Friedrich Delker GmbH

Ein Essener Großhändler für Werkzeuge und Industriebedarf macht vor, wie erfolgreich diese Strategie sein kann. Die Friedrich Delker GmbH aus Essen hat 2006 bereits zum zweiten Mal nach der Premiere 2004 eine Hausmesse organisiert. Das Unternehmen hatte mehrere Tausend Einladungen verschickt, Fachleute zum Vortrag gebeten und ein Gewinnspiel angeboten. Waren lagen zu besonders günstigen Konditionen aus, Lieferanten stellten auf eigenen Ständen aus.

Die Kosten haben sich dabei rasch amortisiert: Etwa 1.200 Besucher kamen bei der zweiten Hausmesse an zwei Tagen ins Stammhaus. Der Umsatz übertraf die Investitionen um das Dreifache. Als positivsten Effekt bewertet das Unternehmen aber, dass über 30 neue Kunden über die Veranstaltung gewonnen wurden. Die

Hausmesse ist für das Unternehmen zu einem wertvollen Verkaufsinstrument geworden, das bessere Ergebnisse bringt als ein herkömmlicher Messeauftritt oder klassische Werbung.

Bereits vor zwei Jahren hatte sich die Delker-Hausmesse für das Unternehmen rentiert. 250.000 Euro Umsatz und zahlreiche Folgeaufträge verbuchte das Unternehmen 2004. Auch bei dem Handelsunternehmen aus dem Ruhrgebiet zeigte sich, wie wichtig für den Erfolg einer Hausmesse eine intensive telefonische Nachbereitung ist. Für Delker lag die Erfolgsquote schließlich bei fast 25 Prozent: Jeder vierte eingeladene Entscheider erschien zur Hausmesse. Weil der Werkzeughändler 2006 noch mehr Wert auf Sofort-Abschlüsse legte, führte er darüber hinaus ein spezielles Bonus-Programm ein, das die Mitarbeiter zu besonders zielorientierten Verhandlungen motiviert.

Messen, auch Hausmessen, sind außerdem Katalysatoren für das Empfehlungsmanagement: Zufriedene Kunden sprechen mit potenziellen Auftraggebern. Messebesucher, die Entscheider eines Unternehmens kennen gelernt haben, sind die besten Werbe-Botschafter. Deshalb ermittelten Delker-Mitarbeiter in ihren Gesprächen während der Hausmesse nicht nur das Potenzial ihres jeweiligen Gegenübers, sondern fragten sie außerdem nach weiteren Unternehmen, für die Produkte und Leistungen des Großhändlers interessant sein könnten. Auf diese Weise konnten 70 neue Kontakte gesammelt werden, die das Unternehmen gleich im Anschluss an die Messe nachbearbeitete und die zum Teil direkten Umsatz brachten.

Das Engagement hat sich gelohnt: Im Folgemonat lag der Umsatz um 60 Prozent höher als in den Planmonaten. Etwa 30 neue Kunden und 70 zusätzliche Kontakte brachte die hauseigene Messe. Der Werkzeughändler, der traditionell auf der Metallbearbeitungsmesse „**METAV**“ in Düsseldorf ausstellt, kann sich inzwischen durchaus vorstellen, irgendwann ganz auf die Beteiligung an Großmessen zu verzichten.

Alternative 4: Andere Branchen

Fachmessen leben vom richtigen Konzept. Angebot und Nachfrage müssen aufeinander abgestimmt sein. Das heißt, das Thema der Messe ist genau definiert, damit Besucher in den Hallen wirklich nur diejenigen Aussteller vorfinden, die nach dieser Definition auch zum Messe-Thema gehören. Nur: Dieser Zuschnitt ist häufig eine Kopfgeburt. Welche Produkte und Dienstleistungen wirklich auf eine Messe passen, zeigt sich oft erst, wenn diese bereits eine Weile läuft.

Für mittelständische Aussteller bedeutet das im Umkehrschluss, dass es sich lohnt, einen Blick auf die Messen anderer Branchen zu werfen. Auf der Kölner **Eisenwarenmesse Practical World** etwa treffen sich die Anbieter von Bau- und

Heimwerkerbedarf. Doch die Handwerksbetriebe sind möglicherweise an den Angeboten eines auf Mittelständler spezialisierten Nutzfahrzeug-Flottenmanagers interessiert. Auf den entsprechenden Fachmessen wäre dieser nur einer von vielen – auf der Handwerksmesse kann er mit etwas Glück sogar der einzige sein. Nach demselben Muster passt vielleicht ein Intralogistiker auf die Metallverarbeiter-Messe **EMO** oder ein Reiseveranstalter auf die Wellness-Messe **Interbad**.

Aussteller sollten die betreffenden Messen möglichst aus eigener Anschauung kennen, also zumindest einmal als Besucher dort gewesen sein – dann sehen sie in aller Regel, ob sich ihr Angebot tatsächlich als Querschnittsthema für die branchenfremde Schau eignet.

ZUSAMMENFASSUNG

Ziel

Wenn die Teilnahme an einer **Messe mehr Kosten als Nutzen** verursacht, wird es Zeit, über Alternativen nachzudenken. Es geht um eine **möglichst direkte und effiziente Ansprache** von Stammkunden und potenziellen Neu-Kunden. Unternehmen sollten ihrer **Zielgruppe** soweit wie möglich **entgegenkommen** – entweder **räumlich** oder durch die **Auswahl eines passenden Konzepts**.

Aufgabe

Unternehmen sollten **die besonderen Stärken des Mediums Messe** in jedem Fall bewahren – und das entweder **zu geringeren Kosten,** oder indem sie den **Aufwand der Besucher klein halten**. Experten, Kunden und Lieferanten brauchen die Möglichkeit, **persönlich** mit Vertriebsleuten, Produktmanagern und der Unternehmensleitung **in Kontakt zu treten**.

Strategie

Unternehmen, deren **Zielgruppe örtlich gebunden** ist und nur ungern zu überregionalen Branchenschauen anreist, erreichen potenzielle Kunden auf **Regionalmessen** – auf denen die Teilnahme indes einen **vergleichbaren Aufwand** verursacht wie der Auftritt auf der Leitmesse. Aussteller sind **nicht an das jeweilige Branchentreffen gebunden**, sondern können ihre Produkte auch auf fachfremden Ausstellungen präsentieren. Dort erreichen sie mitunter sehr effizient **neue Zielgruppen** und haben zudem ein **Alleinstellungsmerkmal**. Wer einen **kleinen, klar definierten Kreis von Fachleuten** anvisiert, kann schließlich auch mit einer **Hausmesse** seinen **Abverkauf direkt ankurbeln**.

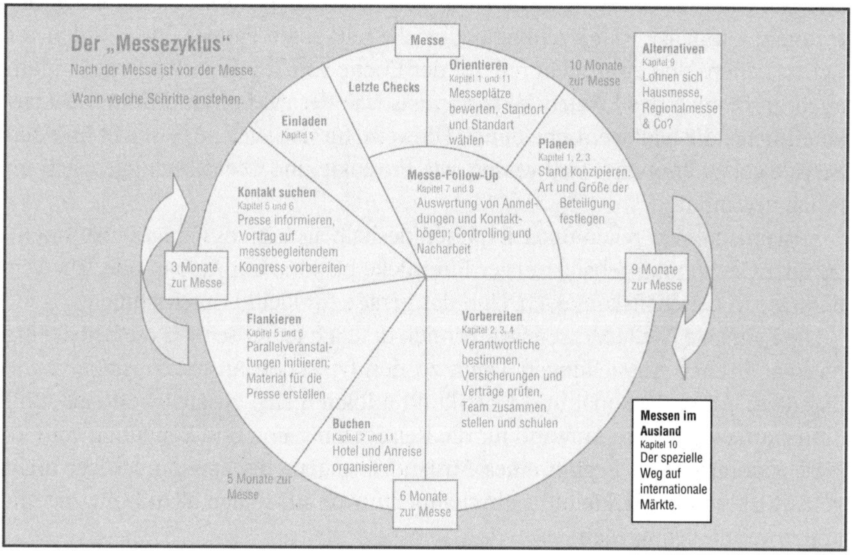

Kapitel 10

Messen im Ausland: Wer bei den ersten Schritten hilft

Deutsche Unternehmer drängen verstärkt auf neue Märkte: Doch ob man Geschäfte in China oder Indien beginnen will, in Osteuropa oder Russland, in den USA oder Brasilien – der Aufbau von Geschäftskontakten in fremden Ländern ist stets eine schwierige Aufgabe. Für den ersten Schritt sind daher Messen im Ausland ein ideales Forum: Ob man als Exporteur nach lokalen Vertriebspartnern für die heimische Ware sucht, die Produktion verlagern oder aber schlicht das hiesige Geschäftsmodell in die Ferne übertragen will – auf einer geeigneten Messe im Zielland lässt sich in kürzester Zeit die Lage begutachten.

Schließlich sind viele Wettbewerber als Aussteller und Besucher zu Gast, wichtige Entscheidungsträger aus Verbänden und Unternehmen treten in Foren und Workshops auf, während Fach- und Abendveranstaltungen lassen sich Stimmungen, Geschäftsgebaren und kulturelle Eigenheiten studieren. Und nicht zuletzt gibt eine Reise ins Ausland immer auch die Gelegenheit, hineinzuschnuppern in die häufig reichlich fremde Lebensweise vor Ort – eine hilfreiche Erfahrung und ein guter Anknüpfungspunkt für den späteren Dialog mit Geschäftspartnern und Kunden.

Auch wer bereits feste Kontakte ins Zielland aufgebaut hat, kann von der Präsenz auf einer Messe häufig profitieren: Weil sich dabei die – im Verlauf eines Jahres meist einmalige – Gelegenheit ergibt, alle relevanten Partner und Kunden vor Ort zu treffen. Und zwar nicht nur auf der Ebene von Top-Entscheidern, sondern auch im Bereich des lokalen Mittelstands sowie der zweiten und dritten Hierarchie-Ebene, die häufig entscheidende Hinweise für das tägliche Geschäft und den Service geben können – und wissen, wie Produkte und Dienstleistungen sich im Alltag bewähren.

Auslandsmessen gelten unter Experten deshalb als leistungsfähiges Instrument: von der Gewinnung geballter erster Eindrücke bis hin zum Aufbau oder zur Vertiefung von Geschäftskontakten. Und das gerade für kleine Unternehmen.

Die Kehrseite: Weite Messereisen können deutlich teurer sein als die Beteiligung an inländischen Ausstellungen. Denn zu den typischen Ausgabepositionen wie Standbau, Miete, Personal und Unterkunft addieren sich zusätzliche Reise- und Transportkosten sowie Aufwand für die Reiseorganisation und Betreuung vor Ort. Weil andererseits zu Beginn eines Auslandsengagements häufig noch gar nicht geklärt ist, ob ein Markteintritt überhaupt sinnvoll ist, sollten allzu hohe Investitionen vermieden werden.

Deshalb ist es sinnvoll, vorsichtig einen Schritt nach dem anderen zu gehen – statt überstürzt zu viel auf einmal zu wagen.

Wer sich strategisch auf eine Auslandsmesse vorbereitet, sollte sich dem Thema in **drei Schritten** nähern: Zunächst gilt es, unter den diversen Messestandorten und Veranstaltern den richtigen Auftrittsort für die eigene Beteiligung zu finden. Danach ist zu überlegen, wie man sich den Markt erschließt. Sinnvoller Weise erst einmal nur als Besucher, in späteren Etappen unter Umständen auch mit einem eigenen Stand. In diesem Fall gilt es allerdings drittens, sich unbedingt mit den besonderen Formalitäten und Eigenheiten des Landes vertraut zu machen, in das die Messereise geht.

Die folgende kurze Einführung kann zu allen drei Schritten nur ein paar Anregungen geben und Informationsquellen nennen. Wer sich näher mit einem bestimmten Messe- und Absatzmarkt im fernen Ausland befassen will, sollte zur einschlägigen Fachliteratur greifen oder eine Beratung bei den Außenhandelskammern beziehungsweise bei der Bundesagentur für Außenwirtschaft in Anspruch nehmen, die mit fachlich versiertem Personal und Vor-Ort-Präsenzen weiterhelfen können.

http://www.bfai.de
http://www.ahk.de

Schritt 1: Die Wahl des Auftrittsorts

Jedes Jahr finden weltweit über 5000 Messen statt, davon mindestens 1200 mit internationaler Bedeutung. Unternehmer, die eine adäquate und relevante Auslandsmesse für ihren Auftritt suchen, stehen dadurch vor zwei Problemen: Erstens gibt es in ihrer Wunschregion und Branche möglicherweise zwei, drei oder noch mehr konkurrierende Veranstaltungen. Zweitens lassen sich Daten über Hallengröße, Besucherzahlen und Ausstellerkreise teilweise nur schwer beschaffen und vergleichen. Wer relevante Veranstaltungen finden will, kann dazu gleichwohl vier Quellen anzapfen:

Erste Adresse für Informationen über Auslandsmessen ist der Internet-Auftritt des Verbands der deutschen Messewirtschaft AUMA (Ausstellungs- und Messe-Ausschuss der Deutschen Wirtschaft e.V.): Dort listet der Verband in einer umfassenden Online-Datenbank die wichtigsten Veranstaltungen weltweit auf und liefert Informationen über Termine, Schwerpunkte und Hallenflächen. Eine weitere Rubrik der Website führt in ausgewählte „Messemärkte im Ausland" ein – sortiert nach Ländern und Branchen.

http://www.auma-messen.de

Wer die Daten statt im Internet lieber auf Papier vergleichen will, kann auf den „AUMA Trade Fair Guide International" zurückgreifen. Das jährlich herausgegebene Taschenbuch beruht auf der Auswertung von Daten zu über 3.500 Ausstellungen weltweit. Die Daten zu den Messegrößen, Aussteller- und Besucherzahlen sind nach Ländern sortiert. Ein zusätzliches Register lässt sich in vier Sprachen (deutsch, englisch, französisch und spanisch) nach Branchen durchforsten.

▮ ***Buchtipp: AUMA Trade Fair Guide Worldwide***
Erhältlich bei der AUMA media + service GmbH, Littenstraße 9, 10179 Berlin, Tel: 030/24 000-0, Fax: 030/ 24 000-330, E-Mail: info@auma.de für 39 Euro inkl. MwSt. + Versand, im Abonnement für 35 Euro.

Zweiter Anlaufpunkt für die Suche nach geeigneten Auslandsmessen sind die Veranstalter der Weltleitmesse des eigenen Gewerbes – mit einiger Sicherheit eine deutsche Messegesellschaft. Die Veranstalter wissen nicht nur exzellent über die Wettbewerbssituation Bescheid, sondern exportieren ihre Messeideen und Konzepte auch verstärkt in andere Regionen (siehe Exkurs zum GTQ-Logo). Zwar ist ein Spin-Off in Asien oder Südamerika nicht unbedingt genauso erfolgreich wie die Ursprungsveranstaltung – aber immerhin ist häufig Verlass auf die Organisation.

Drittens wissen Experten im eigenen Berufsverband, der örtlichen Industrie- und Handelskammer oder der zuständigen Außenhandelskammer oft grob über die Messeszene Bescheid und können unter Umständen Hinweise und Tipps geben – auch wenn sie sich häufig schwer tun, dezidierte Empfehlungen auszusprechen.

Viertens lohnt unter Umständen auch ein Blick ins – meist online verfügbare – Ausstellerverzeichnis der in Frage kommenden Messen, beziehungsweise in den Messekalender von Konkurrenten. Sind wichtige Anbieter bereits mit einem eigenen Stand vertreten, ist das ein guter Hinweis auf die Relevanz der Messe.

EXKURS: Zur Vergleichbarkeit von Messedaten

Der AUMA setzt sich als Messe-Lobbyist auch für weltweit vergleichbare Standards bei der Erbebung von **Besucherdaten** auf Messen ein. Über seine Tochtergesellschaft FKM zur freiwilligen Kontrolle von Messe- und Ausstellungszahlen erhebt der AUMA bereits auf vielen großen Messen in Deutschland Daten zur Besucherquantität und Qualität – und diese anerkannten FKM-Standards will man möglichst weltweit in der Messestatistik etablieren.

http://www.fkm.de

2006 hatten sich zwar erst drei Gastmitglieder (die Messe Verona, die MVK in Moskau und das Hong Kong Trade Development Council) der FKM angeschlossen, der Verband ist aber bemüht, seine Methoden zur Datensammlung und Auswertung auch in anderen Prüforganisationen zu etablieren. So lassen sich Daten der westeuropäischen Prüforganisation Euro Fair Statistics sowie aus Osteuropa (Centrex) und Russland – wo sich 2005 eine neue Prüfgesellschaft gegründet hat – mittlerweile bereits relativ gut mit den FKM-Daten vergleichen. In den USA und in Großbritannien weichen die Daten dagegen stark vom deutschen Standard ab. Dort zählt man traditionell nicht Besucher oder Besuche, sondern die „attendance“ einer Messe – mithin die Summe aller Beteiligten, vom Aussteller, über das Standpersonal bis zum reinen Kongressteilnehmer.

Während die Messedaten für den Vergleich der Plätze also nur bedingt tauglich sind, haben die deutschen Messegesellschaften für Messen, die sie selbst im Ausland veranstalten, ein Siegel geschaffen, das zumindest ein gewisses Maß an Verlässlichkeit bietet:

Das Label „GTQ“ steht für **„German Trade Fair Quality Abroad“** und weist darauf hin, dass die Messe unter maßgeblicher Beteiligung einer deutschen Gesellschaft durchgeführt wird. Messen, die das GTQ-Logo führen, müssen mehrere Voraussetzungen erfüllen: So muss der deutsche Veranstalter Inhaber des Grund-Konzepts der Messe sein, die Federführung bei der Umsetzung innehaben, das Budget erstellt haben und den internationalen Vertrieb steuern. Insofern können Unternehmer hier zumindest großteils deutsche Standards erwarten.

Wer das erste Mal in ein fremdes Land reist – und sei es als Messe-Tourist – sollte zunächst nicht zu viel investieren. Besser ist es in der Regel, sich dem Zielland bedächtig und schrittweise zu nähern. Vier Etappen für Messe-Neulinge:

1. Besuchsprogramm

Interessenten besuchen die Veranstaltung zunächst einmal, ohne sich einzumieten. Bei einem mehrtägigen Aufenthalt im Zielland lässt sich ein wenig Messeluft schnuppern: Die Größe der Veranstaltung, die Professionalität des Standbaus und der Aussteller, die Besucherqualität und die Organisation lassen sich dabei erstklassig begutachten. Unternehmer bekommen einen guten Eindruck darüber, ob sich ein weiteres Engagement bei der Veranstaltung überhaupt lohnt. Wer zudem mit Ausstellern spricht, die schon einen Schritt weiter sind, sollte von deren Erfahrungen lernen und so Fehler vermeiden.

Wenn möglich, sollten Unternehmer das Besuchsprogramm auf der Messe um einige Termine in der Umgebung erweitern, die mit ihrem Gewerbe oder ihrer Dienstleistung zu tun haben – und sich so einen unmittelbaren Einblick in lokale Gepflogenheiten verschaffen: Lebensmittelproduzenten gehen in den Supermarkt, Maschinenbauer bemühen sich um eine Werksbesichtigung, Einzelhändler schlendern durch die Haupteinkaufsstraßen. Die Ortsbesichtigungen geben oft gute Hinweise auf tatsächliche Chancen und Bedingungen für einen Markteintritt.

Der Hauptvorteil eines solchen Messebesuchs liegt im geringen Aufwand: Abgesehen von Reisekosten mit Unterbringung und eventuell einem Dolmetscher fallen kaum Ausgaben an. Entsprechend realistisch sollten die Erwartungen an mögliche Geschäfte ausfallen: Die Chance auf Gewinnung fester Geschäftskontakte oder gar Abschlüsse ist minimal. Die Gefahr, viel Geld in den Sand zu setzen, allerdings auch.

2. Gemeinschaftsstand

Im zweiten Schritt sollte man nach Möglichkeit staatliche Hilfe in Anspruch nehmen: Auf 262 ausländischen Messen ist die Bundesrepublik im Jahr 2007 mit einem eigenen „**Deutschen Pavillon**“ vertreten, auf dem sich Erstaussteller und kleine Unternehmer einmieten können. Ähnlichen Unterschlupf finden Firmen teilweise auch auf Gemeinschaftsständen einzelner Bundesländer oder Verbände. Messebeteiligungen des Bundes kommen in der Regel zustande, wenn sich mindestens zehn deutsche Aussteller finden, die unter dem gemeinsamen Dach auftreten wollen.

Ein Übersicht über die offiziellen Messebeteiligungen des Bundes gibt es im Internet unter: http://www.german-pavilion.com.

Die Stände vereinen gleich mehrere Vorteile: Zunächst einmal spart man sich dank vorbereiteter Flächen im einheitlichen Stil die Kosten für den Standbau: Wände, Tisch und Stühle werden in der Regel zur Verfügung gestellt. Wer keine großen Exponate mitbringen muss, kann sogar völlig ohne zusätzliche Transportkosten auskommen. Zudem kommen Unternehmer in den Genuss öffentlicher Förderzuschüsse: Fast 150.000 Euro stellt etwa der Bund in den kommenden Jahren pro Pavillon zur Verfügung. Bis zu 50 Prozent der Messekosten schießen Bund und Länder Ausstellern zu. Mit einem eigenen Budget von 10.000 bis 12.000 Euro lässt sich ein kleiner Stand mit einem oder zwei Mitarbeitern so weltweit in fast jedem Land betreiben.

Einen zusätzlichen Vorteil bietet der Gemeinschaftsstand selbst: So finden Aussteller, selbst wenn sie auf dem Heimatmarkt als Konkurrenten auftreten, in der Ferne dank des einheitlichen Dachs oft zusammen, die gemeinsame Präsenz stärkt den Außenauftritt und man kann sich bei Problemen schnell gegenseitig helfen. Zudem stehen größere Gemeinschaftsflächen zur Verfügung: Hier präsentiert sich einerseits der Standpartner – also die Bundesrepublik, das Land oder der Verband. Andererseits fungieren diese Flächen aber auch als zentrale Anlauf- und Informationsstelle für die heimischen Aussteller. Und ein Kaffee für eine Besprechung ist hier ebenfalls oft zu haben.

3. Untermiete

Während sich die Messebeteiligung auf dem Gemeinschaftsstand häufig schon lohnt, bevor man eine eigene Kontaktperson, einen Agenten oder einen Importeur im Land gefunden hat, sollte vor dem dritten Schritt bereits eine rudimentäre Infrastruktur vorhanden sein. In solchen Fällen gibt es häufig die Möglichkeit, sich am Stand des lokalen Partners einzumieten, wenn dieser ohnehin mit eigener Mannschaft vertreten ist. Eine Alternative: Man schließt sich mit Geschäftspartnern, Kunden oder Lieferanten aus der Heimat zusammen, teilt sich Transport- und Standbaukosten und mietet sich gemeinsam ein.

Ein Untermietverhältnis spart nicht nur enorme Kosten. Man ist auch von der Verantwortung für die ständige Standpräsenz befreit oder kann sich dazu mit dem Hauptmieter absprechen – so ist man nicht ganztätig an den Stand gebunden und es ist durchaus möglich, alleine anzureisen. Nicht zu unterschätzen ist schließlich die Hilfe bei der Administration und Organisation: Ein ortskundiger Kollege, der die Landessprache beherrscht, kann hier besonders wertvolle Hilfe leisten.

4. Eigener Stand

Der komplett eigenständige Auftritt ist im fernen Ausland nur großen Unternehmern und Kennern zu empfehlen – denn er ist meist teuer und erfordert einen enormen Planungsaufwand. Schließlich addiert sich zu den Kosten einer Inlandsbeteiligung meist eine komplizierte Logistik. Der Vorteil liegt auf der Hand: Ein eigener Stand garantiert volle Unabhängigkeit, ein völlig eigenständiges Design und die maximale Entfernung von der Konkurrenz.

Planung und Transport sollte man in der Regel Spezialisten überlassen. Dazu stehen einerseits die großen öffentlichen Messegesellschaften aus Deutschland bereit, die fast alle Töchter für Auslandsmessen gegründet haben und entsprechende Services selbst anbieten oder vermitteln. Eine weitere Anlaufstelle sind spezialisierte Messe-Agenturen, die Veranstaltungen im Ausland organisieren und begleiten. Teilweise betreuen diese Anbieter auch als so genannte Durchführungsgesellschaften die offiziellen Gemeinschaftsstände (siehe oben) von Bundes- oder Landesministerien. Schließlich lässt sich eine Auslandsmessebeteiligung auch über weltweit aktive Veranstalter abwickeln – wie etwa über den US-amerikanischen Messe-Multi Reed Exhibitions, der als weltgrößter Anbieter jährlich 420 Veranstaltungen in 32 Ländern organisiert und Aussteller entsprechend routiniert unterstützen kann.

Schritt 3: Know-how zu den wichtigsten Messeregionen

Ist eine geeignete Veranstaltung identifiziert und steht die Art der eigenen Beteiligung fest, ist es Zeit, sich intensiver mit dem Zielmarkt zu beschäftigen. Hier gilt für den Messebesuch prinzipiell dasselbe wie für jeden anderen Schritt auf einem neuen Markt: Gute Vorbereitung auf Gastland und Sitten, Eigenheiten und Mentalität sind eine unbedingte Voraussetzung für einen erfolgreichen Markteintritt.

Nicht nur die Kulturen in den Gastgeberländern, auch die Eigenheiten auf Messeplätzen in aller Welt sind höchst unterschiedlich: So müssen sich Aussteller etwa in Osteuropa auf eine weiterhin beschränkte Wareneinfuhr und besondere Formalitäten im Grenzverkehr einstellen, selbst wenn sie in neue EU-Länder reisen. In Russland und in der Türkei wiederum dürfen nur bestimmte Speditionen Messen beliefern – wer sich vorher nicht darum kümmert, steht möglicherweise mit seinem Laster vor verschlossenen Türen. In vielen arabischen Ländern gibt es Einfuhr- und Ausschankverbote für alkoholische Getränke, wer in die USA reist, muss strenge Regeln bei der Lebensmitteleinfuhr beachten, und wer wertvollen

Schmuck oder Uhren ausstellt, sollte sich weltweit über die Zollbestimmungen für solche Exponate informieren.

Wegen der Vielzahl der Unterschiede reicht es kaum, sich nur einen groben Überblick zu verschaffen. Vielmehr lohnt es sich in jedem Fall, ein Gespräch mit Verbänden, der zuständigen Kammer oder der Bundesagentur für Außenwirtschaft (BFAI) zu führen. Antworten auf viele Grundsatzfragen stehen auch online zur Verfügung oder lassen sich in Ratgebern nachlesen.

Einige Fundstellen für weitergehende Informationen:

- Der AUMA hat mittlerweile in Kooperation mit dem Fachverlag Localglobal zwei Messeführer herausgebracht, die sich speziell mit Messen in Mittel- und Osteuropa sowie mit dem stark wachsenden Messemarkt in China befassen. In den Ratgebern finden Unternehmer Hinweise zu Geländen, Informationen zu Einfuhrbestimmungen und kulturellen Eigenheiten, Hinweise auf organisatorische Details und Erfahrungsberichte von Ausstellern.

- ***Buchtipp:***
  Exhibition Market China 2006/2007, Informationen für Aussteller über den chinesischen Markt und die Messen; Hrsg.: AUMA und local global. Berlin, 2006. 256 Seiten, 29,00 Euro.

- ***Buchtipp:***
  Exhibition Market Central and Eastern Europe 2005/2006, Informationen für Aussteller über den MOE-Markt und die Messen; Hrsg.: AUMA und local global. Berlin, 2005. 268 Seiten, 34,80 Euro.

- Bei der Bundesagentur für Außenwirtschaft wiederum gibt es einige Merkblätter, die praktische Hinweise zur Auswahl von Messen, Planung, Übernachtungskosten, PR-Arbeit, zu Transport und Logistik, Tipps zu Standpersonal und mehr enthalten. Die Dokumente lassen sich für Preise rund um 20 Euro im PDF-Format von der Website herunterladen, sie sind allerdings von unterschiedlicher Aktualität und Güte.

  Merkblätter der Reihe „Messebeteiligung in …"
  mit geschäftspraktischen Hinweisen zur Messebeteiligung im Ausland für rund 40 Länder gibt es zu unterschiedlichen Preisen unter:
  http://www.bfai.de

- Die Botschaften helfen mit Informationen zu Visa- und Einfuhr-Angelegenheiten weiter. Sie sind in der Regel über Webseiten nach dem folgenden Muster erreichbar:
  http://www.[ländername]-botschaft.de oder www.botschaft-[ländername].de
  (also z. B. www.russische-botschaft.de, www.kroatische-botschaft.de, www.botschaft-polen.de)

- Wer sich über Kommunikationsformen und Geschäftsgebaren informieren will, findet reichliche Informationen dazu in diversen Buchtiteln und Reihen. Eine kleine Auswahl gelungener Titel zu unterschiedlichen Regionen:

- ***Buchtipp Europa:***
  Gerhard Uhl, Elke Uhl-Vetter: ***Business-Etikette in Europa.*** *Stilsicher auftreten, Umgangsformen beherrschen. Gabler 2004. 38,90 Euro.*

- ***Buchtipps Asien:***
  Yu-Chien Kuan, Petra Häring-Kuan: ***Der China-Knigge.*** *Eine Gebrauchsanweisung für das Reich der Mitte. Fischer Taschenbuch 2006. 7,95 Euro.*
  Dirk Holtbrügge, Jonas F. Puck: ***Geschäftserfolg in China.*** *Strategien für den größten Markt der Welt. Springer 2005. 44,95 Euro.*
  Petra Mehl-Lammerns: ***Geschäftserfolg Indien.*** *Der Business-Guide für den indischen Subkontinent. Orel Füssli 2006. 29,80 Euro.*
  Iris Kuhnert: ***Business with the japanese.*** *Incl. Internetworkshop. Gabal book@web 2004. 17,90 Euro.*

ZUSAMMENFASSUNG

Ziel

Messebeteiligungen **im Ausland** bieten einen idealen Einstieg, um sich mit den Gegebenheiten vor Ort vertraut zu machen: Sie sind häufig der **wichtigste Treffpunkt** für die relevanten Branchenakteure, bieten in einem **gesicherten Umfeld** einen **hervorragenden Überblick** über die Lage der Industrie, den Stand der Technik und die Themen, mit denen sich die heimische Wirtschaft gerade beschäftigt. Allerdings sind Messebeteiligungen fernab der Heimat ungleich **komplizierter** zu organisieren als Ausstellungen im Inland.

Aufgabe

Zunächst ist es nötig, sich einen Überblick über die möglichen Ausstellungsorten in der Zielbranche und im Zielland zu verschaffen. Dies gelingt durch **Basisrecherchen** über die Messen per Internet. Weiterhin sollten Unternehmer sich darüber klar werden, wie viel Aufwand sie in den Auftritt stecken wollen – und prüfen, ob sie sich auf einem **Gemeinschaftsstand** einmieten können. Dies ist häufig die günstigste Variante, um als Neuaussteller im Ausland unterzukommen. Schließlich ist es unerlässlich, sich über das **Geschäftsgebaren** zu informieren – vor allem in asiatischen Ländern herrschen grundsätzlich andere Sitten als in Europa.

Strategie

Ausgangspunkt für die Auslandsmessestrategie ist in jedem Fall der **Besuch vor Ort**. Die unmittelbare Erfahrung ist durch nichts zu ersetzen. Wer sich auf diese Weise kundig gemacht hat, kann oft bereits genau abschätzen, wie viel Aufwand notwendig und sinnvoll ist, wenn es um weitere Planungen geht. Danach empfiehlt sich ein planvolles Vorgehen nach der Methode: **Kleckern, nie klotzen.** Erfahrene Aussteller berichten immer wieder davon, wie schnell sich Märkte weltweit verschieben und verändern können – und wie sehr das auch die eigenen Planungen durcheinanderbringen kann. Daher sind allzu **mittel- oder langfristige Investitionen möglichst** zu **vermeiden**, vor allem auf Messen in schnell wachsenden Ländern. Denn diese können im nächsten Jahr völlig anders aussehen.

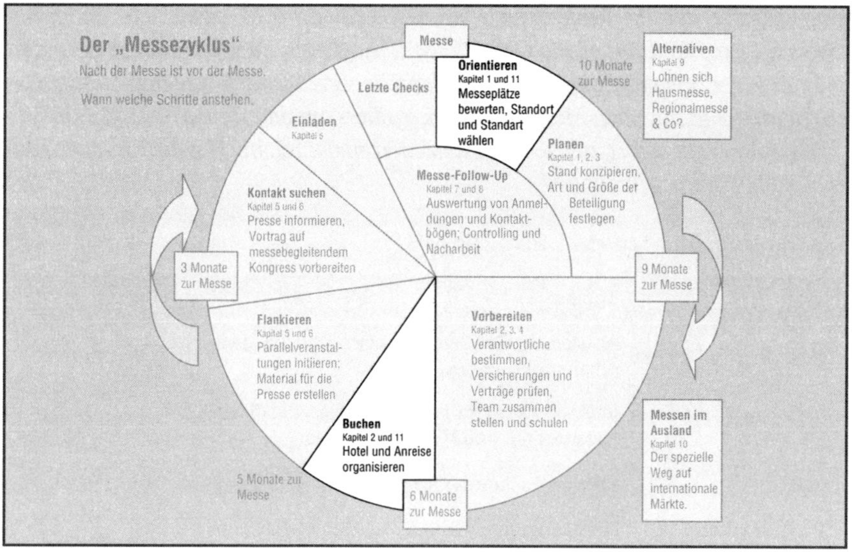

Kapitel 11

Messestandorte: Wer zu Ihnen passt

Auf den ersten Blick scheinen Messeveranstalter ein Monopol zu besitzen: Die Leitmesse der Branche findet nur einmal pro Jahr statt, und auch der Ort steht fest. Unternehmer können entweder kommen und ausstellen – oder eben nicht. Doch schon der zweite Blick belehrt die meisten eines besseren. Denn die Messeplätze und Eventmanager, die Verbände und privaten Veranstalter stehen in einem regen Wettbewerb um Aussteller. Nicht nur in Randbereichen überschneiden sich viele Messen, es gibt auch regelrechte Konkurrenzveranstaltungen.

Mittelständische Aussteller tun gut daran, den Zuschnitt der einzelnen Messen genau zu prüfen, bevor sie sich für oder gegen einen Besuch entscheiden. In vielen Branchen existieren mehrere Messen, die für sie in Frage kommen, häufig sind gerade Nischenanbieter nicht unbedingt auf der Leitmesse am besten aufgehoben.

Auf den folgenden Seiten sind die 14 wichtigsten Messestandorte in Deutschland porträtiert, die auf sich die wesentlichen überregionalen Veranstaltungen vereinen. Die Daten basieren auf dem „Messe-Guide" des Ausstellungs- und Messeausschusses der Deutschen Wirtschaft (AUMA) sowie eigenen Recherchen.

1. Berlin

Das Gelände tief im Westen der Hauptstadt spielt im Messebetrieb nur in der zweiten Liga. Die IFA und die Grüne Woche sind zwar Publikumsmagneten, aber vor allem für privates Publikum. Ein Vorteil der Stadt ist definitiv ihre Größe: Das macht sie nicht nur nach Messeschluss besonders attraktiv. In Berlin sind dank der großen Auswahl selbst zu Messe-Hochzeiten meist reichlich günstige Hotelzimmer zu bekommen.

Die wichtigsten Messen 2007/2008

Name	Thema	Datum
Internat. Grüne Woche	Ausstellung für Ernährungswirtschaft, Landwirtschaft und Gartenbau	18.1.–27.1.2008
Fruit Logistica	Internat. Messe für Frucht- u. Gemüsemarketing, Lagertechnik und Warenpräsentation	7.2.–9.2.2008
bautec	Internat. Fachmesse für Bauen u. Gebäudetechnik	19.2.–23.2.2008
CMS - Cleaning. Management. Services	Reinigungsmittel- und Maschinen, Gebäudemanagement, Bewachung, Wartungstechnik	18.9.–21.9.2007
ITB, Internationale Tourismus Börse	Messe für Tourismus und Reisen, Kommunaltechnik, Tagungsstätten	7.3.–11.3.2007
SHOWTECH	Fachmesse für Event- und Veranstaltungstechnik, Bühnen- und Studioausstattung, Licht-, Bild- und Tontechnik, Dekoration und Kostüme	19.6.–21.6.2007
InnoTrans - Internat. Fachmesse für Verkehrstechnik etc.	Schienenverkehrstechnik, Personenverkehr, Logistik, Tunnelbau, Verkehrsplanung	23.9.–26.9.2008
WASSER Berlin/GAS Berlin	Internationale Fachmesse für Wassergewinnung und -aufbereitung, Abwassertechnik, Armaturen und Schwimmbadtechnik. Außerdem Gasförderung und Flüssiggastechnik	30.3.–3.4.2009
ILA – Berlin Air Show	Luft- und Raumfahrtausstellung mit den Schwerpunkten Luft- und Raumfahrttecknik, Flughafentechnik und elektronische Ausrüstungen	27.5.–1.6.2008
IFA	Internationale Funkausstellung – World of Consumer Electronics, Audio-Video-Technik, Software, Online-Dienste, Musikelektronik, Kabel- und Fernsehtechnik	31.8.–5.9.2007
ART FORUM Berlin	Internationale Messe für Gegenwartskunst, Fotografie, Skulpturen, Grafiken, Malerei, Videokunst	29.9.–3.10.2007

Anbindung des Geländes

Entfernung Hauptbahnhof:
16 bis 21 Minuten (S-Bahn/U-Bahn), Taxi 15 Euro

Entfernung Flughafen:
Tegel 18 Minuten (S-Bahn/Bus), Taxi 14 Euro
Schönefeld 48 bis 56 Minuten (Regionalbahn, S-Bahn/Bus), Taxi 30 Euro

Parkplätze am Gelände: 7000
5000 per Shuttle vom Olympiastadion (kostenlos)

Kontakt Hotels/Tourismus

Hotels: Für Hotelreservierungen gibt es eine Kooperation zwischen der Messe Berlin und der Maritz GmbH. Buchungen können vorgenommen werden bei
Maritz smart GmbH
Messereisen & Hotel
Tel: +49 (0)1805-324 000
fairs@maritz.de

Tourismus: Erlebniswelt Berlin
Tel: +49 (0)800-890 20 89
maritz@servicebroker.info

Hallenplan

www.messe-berlin.de

Größe des Geländes

Hallenfläche in Quadratmetern:	160 000
Freigelände in Quadratmetern:	100 000
Kongresszentrum:	96 000 (ICC)

2. Dortmund

Die Große Westfalenhalle, mit Platz für 15000 Besucher lange Zeit größte Veranstaltungshalle Europas, bildet das Herzstück des Geländes. Sie ist regelmäßig Schauplatz großer Konferenzen. Die Messehallen daneben wurden zuletzt 2005 erweitert um die größte Halle 3B, sie diente während der Fußballweltmeisterschaft 2006 als Pressezentrum.

Die wichtigsten Messen 2007/2008

Name	Thema	Datum
Jagd & Hund	Internationale Ausstellung für Jagd und Angelfischerei	29.1.–3.2.2008
Intertabac	Internet. Fachmesse für Tabakwaren und Raucherbedarf, Ladeneinrichtungen, Papierwaren	21.9.–23.9.2007
DKM	Internationale Fachmesse für die Finanz- und Versicherungswirtschaft	23.10.–25.10.2007

Anbindung des Geländes

Entfernung Hauptbahnhof:
5 bis 10 Minuten (Regionalbahn, U-Bahn), Taxi 9 Euro

Entfernung Flughafen:
23 bis 38 Minuten (Regionalbahn, U-Bahn, Bus), Taxi 23 Euro

Parkplätze am Gelände: 8.800 für PKW und Busse

Kontakt Hotels/Tourismus

Hotels: Die Zimmerbuchung ist über die Messe möglich:
Tel: +49 (0)231-1204-521 und -525

Tourismus: Dortmund.kongress.tourismus.service
Königswall 18a
Tel: +49 (0)231-50-25666

Hallenplan

www.westfalenhallen.de

Größe des Geländes

Hallenfläche in Quadratmetern: 48.235
Kongresszentrum: 19.290

3. Düsseldorf

Die Stadt Düsseldorf ist mehrheitlicher Betreiber des viertgrößten deutschen Messegeländes, auf dem pro Jahr rund 40 Messen stattfinden, davon 20 Weltleitmessen – darunter traditionelle Schauen wie die Modeschau CPD (die ehemalige Igedo), die „Boot" und der Druckergipfel „Drupa", der alle vier Jahre rund 400.000 Besucher anzieht.

Die wichtigsten Messen 2007/2008

Name	Thema	Datum
PSI – Internat. Fachmesse für Werbeartikel	Werbemittel, Premiums, Promotions und Kennzeichnungstechnik	9.1.–11.1.2008
IMA – Internat. Fachmesse Unterhaltungs- und Warenautomaten	Waren- und Spielautomaten, Casinoausstattung, Tresore	15.1.–17.1.2008
ProWein – Internat. Fachmesse Weine und Spirituosen	Weine und Spirituosen	18.3.–20.3.2007
BEAUTY INTERNATIONAL – Fachmesse für Kosmetik	Kosmetik, Parfümerie, Solarien, Berufsbekleidung	23.3.–25.3.2007
drupa – print media messe	Druckereiausrüstung, Buchbindereimaschinen, Papierindustrie	29.5.–11.6.2008
interpack	Internat. Messe für Verpackungsmaschinen, Packmittel, Süßwarenmaschinen	24.4.–30.4.2008
EuroShop – The Global Retail Trade Fair	Schwerpunkte Ladenbau- und einrichtung, Lichttechnik, Kühlgeräte, Franchising, Messebau	23.2.–27.2.2008
METEC	Internationale Metallurgie-Fachmesse mit Hüttentechnik, Walzwerksanlagen, NE-Metalle	12.6.–16.6.2007
GIFA – Internat. Gießerei-Fachmesse	Gießereianlagen, Rohstoffe, Fördertechnik, Umwelttechnik	12.6.–16.6.2007
Thermprocess – Fachmesse für Thermprozesstechnik	Themen u.a. Industrieöfen, Wärmedämmung, Industriewärmeanlagen	12.6.–16.6.2007
CARAVAN SALON Düsseldorf	Internationale Messe für Reisemobile und Caravans, Zelte und Campingbedarf	24.8.–2.9.2007
A+A – Sicherheit und Gesundheit bei der Arbeit	Schutzausrüstung, Berufskleidung, Lärmschutz, Arbeitsmedizin, Corporate Work Ware, Unfallhilfe	18.9.–21.9.2007

Name	Thema	Datum
viscom	Fachmesse für visuelle Werbetechniken und Signmaking mit Schwerpunkten Gravurkunst, Siebdruck, Reprotechnik, Farben, Lacke und Papier	20.9.–22.9.2007
InterMopro	Internat. Fachmesse Molkereiprodukte	28.9.–1.10.2008
InterCool	Internat. Fachmesse Tiefkühlkost	28.9.–1.10.2008
InterMeat	Internat. Fachmesse Fleisch und Wurst, Gewüze, Logistik	28.9.–1.10.2008
iba	Internat. Fachmesse Weltmarkt des Backens zu den Themen Bäckereiausrüstung, Kältetechnik, Fertiggerichte, Kassensysteme	3.10.–9.10.2009
K – Internationale Messe Kunststoff und Kautschuk	Kunststoffverarbeitung, Rohstoffe, Ausrüstungen	24.10.–31.10.2007
MEDICA, Forum Arztpraxis und Krankenhaus	Medizintechnik, Pharmazeutika, Labortechnik, Praxisbedarf, Entsorgung	14.11.–17.11.2007
REHACare International	Pflege-, Rehabilitationstechnik, Mobilitätshilfen, Physiotherapie, Pflegegeräte, Gebäudetechnik	3.10.–6.10.2007
EXPOPHARM	Internationale pharmazeutische Fachmesse mit Schwerpunkten Apothekenbedarf, Ladenbau, Consulting, Hygiene	September 2007
boot Düsseldorf	Internationale Bootsausstellung mit Themen Bootsbau, Windsurfing, Tauchsport, Angelsport, Rettungsgeräte	19.1.–27.1. 2008
CPD Düsseldorf	Internationale Fachmesse für Damenmode & Accessoires (mit HMD)	Februar 2008
HMD Düsseldorf	Herrenmode Düsseldorf und Global Fashion (mit CPD)	Februar 2008
Body Look	Internationale Fachmesse für Body-, Beach- und Legwear	Februar 2008
GDS – The Premier Shoe Event	Schuhe und Lederwaren für Damen, Herren und Kinder	März 2007 September 2007
Tube	Internationale Rohr-Fachmesse zu den Themen Rohre, Schweißtechnik, Werkzeuge und Prüftechnik	April 2008
Wire	Internationale Fachmesse für Draht und Kabel mit den Schwerpunkten Drahtverarbeitung, Kabelherstellung, Regel- und Steuerungstechnik	April 2008
METAV	Internationale Messe für Fertigungstechnik und Automatisierung, Metallverarbeitung, Werkzeuge, Industrieroboter	31.3.–4.4.2008

Name	Thema	Datum
NEWCAST	Internationale Fachmesse für Gussprodukte mit NEWCAST FORUM	12.6.–16.6.2007
hogatec	Internationale Fachmesse für Hotellerie, Gastronomie, Gemeinschaftsverpflegung	September 2008
IAM	Internationale Anlegermesse zu den Themen Investments, Consulting, Finanzierung, Börseninformationsdienste	September 2007
Glasstec	Internationale Fachmesse mit Sonderschau und Symposium glass technology live. Schwerpunkte u.a. Glasherstellung- und bearbeitung, Veredelung, Ersatzteile	Oktober 2008

Anbindung des Geländes

Entfernung Hauptbahnhof:
21 bis 28 Minuten (U-Bahn, Bus), Taxi 14 Euro

Entfernung Flughafen:
30 bis 41 Minuten (Regionalbahn, Bus), Taxi 11 Euro

Parkplätze am Gelände: 20.000, Parkplätze P1 und P2, kostenloser Buspendeldienst für Besucher

Kontakt Hotels/Tourismus

Hotels: Hotel-Datenbank s. www.duesseldorf.de
Buchung über Online-Hotelreservierungsservice
Tel: +49 (0)211-420 10 07

Tourismus: Düsseldorf Marketing Tourismus GmbH
Tel: +49 (0)211-17 20 20
E-mail: reservation@duesseldorf.de
Internet: www.duesseldorf-tourismus.de

Hallenplan

www.messe-duesseldorf.de

Größe des Geländes

Hallenfläche in Quadratmetern: 252.214
Freigelände in Quadratmetern: 32.500
Kongresszentrum: 6.000

4. Essen

Die Essener Messe hat mit vielen Handwerks- und Dienstleistungsmessen vor allem regionale Bedeutung, veranstaltet mit der Tuningmesse „Essen Motor Show" allerdings aber auch eine der besucherstärksten Messen in Deutschland.

Die wichtigsten Messen 2007/2008

Name	Thema	Datum
Aluminium, Weltmesse & Kongress	Aluminiumindustrie, Qualitätssicherung, Oberflächentechnik	23.9.–25.9.2008
DEUBAU – Internat. Baufachmesse	Baufachmesse für Hochbau, Ausbau und Tiefbau	8.1.–12.1.2008
IPM – Internat. Fachmesse für Pflanzen, Floristik	Pflanzen, Floristik, Technik, Verkaufsförderung, Nutzfahrzeuge, Saatgut	24.1.–27.1.2008
E-World Energy & Water	Energieerzeugung und -versorgung, Abwassertechnik, erneuerbare Energien	19.2.–21.2.2008
fibo	Fachmesse für Fitness und Wellness, Studioausstattung, Trainingsgeräte, Saunen, Solarien	19.4.–22.4.2007
METPACK	Internat. Fachmesse für Metallverpackungen, Verpackungstechnik und Zubehör	22.4.–26.4.2008
REIFEN – Weltmarkt der Reifenbranche	Reifenerneuerung, Reparaturmaterial, Werkstattausrüstung	20.5.–23.5.2008
Schweißen+Schneiden	Weltmesse der Schweißtechnik	14.9.–19.9.2009
IFLO DECORAZIONE	Fachmesse für Dekoration u. Floristik, Bastelmaterlialien, Kunsthandwerk	8.9.–9.9.2007
SECURITY	Weltmarkt für Sicherheit + Brandschutz, Alarmanlagen, Kontrolleinrichtungen, Kriminaltechnik	7.10.–10.10.2008
Deutsche Ausbaumesse Essen	Bauen mit Holz, Dachbau, Putz, Stuck, Trockenbau	8.1.–12.1.2008
EQUITANA	Weltmesse des Pferdesports	10.3.–18.3.2007
Essen MOTOR SHOW	Weltmesse für Automobile, Tuning, Motorsprot und Classics	30.11–9.12.2007

Anbindung des Geländes

Entfernung Hauptbahnhof:
5 Minuten (U-Bahn), Taxi 8 Euro

Entfernung Flughafen:
41 bis 52 Minuten (Regionalbahn, U-Bahn, S-Bahn), Taxi 40 Euro

Parkplätze am Gelände: 1.300 auf dem Gelände, 6.300 nahe dem Messegelände, 8.000 außerhalb des Geländes (P&R)

Kontakt Hotels/Tourismus

Hotels: Hotelreservierungen können vorgenommen werden bei der Touristikzentrale Essen
Tel: +49 (0) 201-887 20 46
E-mail: touristikzentrale@essen.de

FCI GmbH
Rosenstraße 17, 20095 Hamburg
Tel: +49 (0)40-3001-4100
E-mail: info@fci.de

Tourismus: Touristikzentrale Essen
Am Hauptbahnhof 2, 45127 Essen
Tel: +49 (0)201-887 20 46
E-mail: touristikzentrale@essen.de
Internet: www.essen.de

Hallenplan

www.messe-essen.de

Größe des Geländes

Hallenfläche in Quadratmetern: 110.000
Freigelände in Quadratmetern: 20.000
Kongresszentrum: 15.944

5. Frankfurt/Main

Buchmesse und IAA sind untrennbar mit der Frankfurter Messe verbunden. Das riesige Gelände, das nur fünf Gehminuten hinter dem Frankfurter Hauptbahnhof liegt, wurde in den vergangenen Jahren sukzessive ausgebaut.

Die wichtigsten Messen 2007/2008

Name	Thema	Datum
Heimtextil	Internat. Fachmesse für Wohn - und Objekttextilien	9.1.–12.1.2008
Christmasworld	Internat. Frankfurter Messe für Festartikel, Weihnachstartikel, Feuerwerksartikel	Januar 2008
Paperworld – Internat. Frankfurter Messe	Bürotechnik, Schreibwaren, Präsentationstechnik und Werbemittel	Januar 2008
Beautyworld – Internat. Franfurter Messe	Themen u.a. Parfümerie, Kosmetik, Maniküre, Fußpflege, Drogeriebedarf und Friseurbedarf	23.1.–27.1.2008
Ambiente – Internat. Frankfurter Messe	Haushaltsartikel, Wohnaccessoires, Kunsthandwerk, Glasprodukte und Dekorationen	Februar 2008
ISH	Weltmesse Bad, Gebäude-, Energie-, Klimatechnik	6.3.–10.3.2007
Musikmesse	Internationale Fachmesse für Musikinstrumente, Musiksoftware und Computerhardware, Noten und Zubehör	28.3.–31.3.2007
Prolight + Sound	Internationale Fachmesse für Veranstaltungs- und Kommunikationstechnik, AV-Produktion und Entertainment	28.3.–31.3.2007
Light + Building	Internat. Fachmesse für Architektur u. Technik, Gebäude-Automation, Steuerungssysteme, Fassadensysteme	6.4.–10.4.2008
IFFA Delicat	Internat. Messe der Fleischwirtschaft: Verarbeiten, Verpacken, Verkaufen	5.5.–10.5.2007
Techtextil	Internat Fachmesse für Technische Textilien	12.6.–14.6.2007
Texcare	Internationaler Weltmarkt moderner Textilpflege, Reinigungsmittel und Mietwäsche	31.5.–3.6.2008
Tendence Lifestyle – Internationale Frankfurter Messe	Haushalt, Dekoration, Schmuck, Schreibwaren, Gartenartikel, Möbel, Parfümerie	24.8.–28.8.2007

Name	Thema	Datum
Automechanika – Internationale Automobilmesse	Antriebstechnik, Elektronik, Spezialwerkzeuge, Karosserien, Pflegedienst	16.9.–21.9.2008
FUR & FASHION Frankfurt	Outdoormode aus Pelz, Leder und Textil	22.3.–25.3.2007
Lightstyle	Internationale Fachmesse für Wohnraumleuchten und Außenbeleuchtung	April 2007
ACHEMA	Internationaler Ausstellungskongress für Chemische Technik, Umweltschutz und Biotechnologie	11.5.–15.5.2007
Marketing Services	Die Cross Media Messe + Display Fachmesse für P.O.S.-Marketing + PICT – Die Bildagentur-Messe	22.5.–24.5.2007
Collectione Preview Spring + Summer	Glasprodukte, Tafelgeschirr, Bestecke, Gartenmöbel, Haushaltsartikel, Dekorationen	17.6.–20.6.2007
Opatec	Internationale Fachmesse optischer Technologien, Komponenten, Systeme und Fertigung für die Zukunft	17.6.–20.6.2007
IAA	Internationale Automobil-Ausstellung Personenkraftwagen	13.9.–23.9.2007
PRO SIGN	Fachmesse für Werbetechnik	Oktober 2008
Frankfurter Buchmesse	Bücher, Zeitschriften, Zeitungen, Lehr- und Lernmittel, Filmrechte und Fernsehprogramme	10.10.–14.10.2007
EBIF European Banking & Insurance Fair	Europäische Fachmesse und Kongress für Bankwesen und Versicherung	20.11.–22.11.2007

Anbindung des Geländes

Entfernung Hauptbahnhof:
4 Minuten (S-Bahn), Taxi 6 Euro

Entfernung Flughafen:
28 Minuten (S-Bahn), Taxi 25 Euro

Parkplätze am Gelände: Parkhaus, kostenlose Pendelbusse vom Parkhaus zum Messegelände

Kontakt Hotels/Tourismus

Hotels: Zimmer-Reservierungen können angemeldet werden bei der Tourismus & Congress GmbH, Kaiserstraße 56, 60329 Frankfurt am Main
Tel: +49 (0)69-21 23 08 08
E-mail: info@tcf.frankfurt.de

Tourismus: Während der Messen: Tourist-Schalter, Torhaus Ebene 3
Außerhalb der Messezeit: Tourismus & Congress GmbH

Hallenplan

www.messefrankfurt.com

Größe des Geländes

Hallenfläche in Quadratmetern: 321.754
Freigelände in Quadratmetern: 83.163
Kongresszentrum: 16.591

6. Friedrichshafen

Die Neue Messe Friedrichshafen am Bodensee hat in den vergangenen Jahren durch Outdoor- und Freizeitmessen von sich Reden gemacht – und damit vor allem der Münchener Messe Konkurrenz gemacht.

Die wichtigsten Messen 2007/2008

Name	**Thema**	**Datum**
EUROBIKE	Fahrräder und Zubehör	30.8.–2.9.2007
OutDoor – Europ. Outdoor-Fachmesse	Bekleidung, Bergsportausrüstung, Campingbedarf, Wassersport	19.7.–22.7.2007
AERO	Internationale Fachmesse für Allgemeine Luftfahrt	19.4.–22.4.2007
Tuning World Bodensee	Internationales Messe-Event für auto-Tuning, Lifestyle und Club-Szene	28.4.–1.5.2007
Interboot	Wassersport, Motorboote, surfartikel, Charter	22.9.–30.9.2007
Fakuma	Internationale Fachmesse für Kunststoffverarbeitung	14.10.–18.10.

Anbindung des Geländes

Entfernung Hauptbahnhof:
20 bis 22 Minuten (Bus), Taxi 10 Euro

Entfernung Flughafen:
26 bis 48 Minuten Minuten (Bus, Interregio-Express), Taxi 10 Euro

Parkplätze am Gelände: 1.200 Aussteller-Parkplätze, 5.000 Besucher-Parkplätze

Kontakt Hotels/Tourismus

Hotels: Für Hotelreservierungen siehe www.messe-friedrichshafen.de unter dem Stichwort „Unterkunft" in Kooperation mit der Tourist-Information Friedrichshafen

Tourismus: Tourist-Information
Bahnhofsplatz 2
88045 Friedrichshafen
Tel: +49 (0)7541-300 10
E-Mail: tourist-info@friedrichshafen.de
Internet: www.friedrichshafen.de

Hallenplan

www.messe-friedrichshafen.de

Größe des Geländes

Hallenfläche in Quadratmetern: 69.700
Freigelände in Quadratmetern: 11.800
Kongresszentrum: 5.470

7. Hamburg

Die Hamburger Messe ist derzeit noch eine große Baustelle. Das neue CCH-Congress Center Hamburg wurde Ende 2006 in Betrieb genommen, die komplette Messe wird sukzessive bis zum Jahr 2008 erneuert.

Die wichtigsten Messen 2007/2008

Name	Thema	Datum
INTERNORGA	Fachmesse für Hotellerie u. Gastro	9.3.–14.3.2007
WindEnergy – International Trade Fair	Energieerzeugung und –speicherung, Messtechnik, Versicherungswirtschaft	20.5.–23.5.2008
SMM – Shipbuilding, Machinery & Marine Technology	Schiffbau, Werftindustrie, Antriebstechnik, Zulieferindustrie	23.9.–26.9.2008
Arbeitsschutz aktuell	Arbeitsmedizin, Sicherheitstechnik, Brand- und Explosionsschutz, Gesundheitsvorsorge	September 2008
Hanseboot	Internationale Bootsausstellung, Surfartikel, Tauch- und Angelsport	27.10.–4.11.07

Anbindung des Geländes

Entfernung Hauptbahnhof:
10 bis 14 Minuten (U-Bahn, Bus), Taxi 8 Euro

Entfernung Flughafen:
40 bis 55 Minuten (U-Bahn, Bus), Taxi 20 Euro

Parkplätze am Gelände: über 2.000

Kontakt Hotels/Tourismus

Hotels: INTERPLAN Ad-Office Hamburg
Tel: +49 (0)40-3250-9230

Tourismus: Tourismus GmbH Hamburg
Steinstraße 7
20095 Hamburg
Tel: +49 (0)40-300 51 300
E-mail: info@hamburg-tourismus.de
Internet: www.hamburg-tourismus.de

Hallenplan

www.hamburg-messe.de

Größe des Geländes

Hallenfläche in Quadratmetern: 70.000
Freigelände in Quadratmetern: 8.500
Kongresszentrum: 32.000

8. Hannover

Das größte Messegelände der Welt ist zur Ausrichtung der Expo 2000 abermals ausgebaut worden. Inzwischen leidet die Niedersachsen-Metropole unter diesen gewaltigen (Über-)Kapazitäten, denn es erweist sich als immer schwieriger, das Riesengelände mit Messen zu füllen. Zudem gilt Hannover nicht gerade als Weltstadt – zu Weltmessen wie „Cebit" oder „Hannover Messe" platzen die Hotels aus allen Nähten. Und die Preise sind trotz der Bemühungen der Messe immer noch saftig.

Die wichtigsten Messen 2007/2008

Name	**Thema**	**Datum**
AGRITECHNIKA – Fachausstellung für Landtechnik	Traktoren, Transporttechnik, Bewässerung, Pflanzenschutz, Gebrauchtmaschinen	13.11.–17.11.2007
BIOTECHNICA, Biotech, Labortechnik	Prozesstechnik, Medikamente, Landwirtschaft und Ernährung	9.10.–11.10.2007
CeBIT	Informationstechnologie, Hard- und Software, IT-Dienstleistungen	15.3.–21.3.2007
CeMAT – World's Fair für Intralogistics	Flurförderzeuge, Hebetechnik, Förder- und Lagertechnik, innerbetrieblicher Transport	27.5.–31.5.2008
DOMOTEX, Teppiche und Bodenbeläge	Teppiche, Parkett und Holzfußböden	12.1.–15.1.2008
EMO, Metallbearbeitung	Werkzeugmaschinen, Blechbearbeitung, Montage- und Schweißtechnik	17.9.–22.9.2007
EuroBLECH – Technologiemesse für Blechbearbeitung	Umformtechnik, Füge- und Trenntechnik, Rohrbearbeitung, Oberflächen	21.10.–25.10.2008
EuroTier – Internationale DLG-Fachausstellung für Tierhaltung und Management	Futtertechnik, Stallungen, Klima- und Energietechnik, Fahrzeuge und Dienstleistungen	November 2008
Hannover Messe	Produktions- und Industrietechnik, Mikrossystemtechnik, Antriebs- und Fluidtechnik	16.4.–20.4.2007
IAA Nutzfahrzeuge	Nutzfahrzeuge, LKW Autobusse	September 2008
LIGNA+ – Weltmesse für Holz- und Forstwirtschaft	Sägewerkstechnik, Zimmereimaschinen, Furnier- und Möbelindustie	14.5.–18.5.2007

Anbindung des Geländes

Entfernung Hauptbahnhof:
10 bis 24 Minuten (Regionalbahn), Taxi 18 Euro

Entfernung Flughafen:
33 bis 44 Minuten (Regionalbahn, S-Bahn), Taxi 30 Euro

Parkplätze am Gelände: ca. 45.000 rund um das Messegelände

Kontakt Hotels/Tourismus

Hotels: Vorvermittlung von Hotel- und Privatzimmern aller Kategorien – auch online über Internet buchbar; Tageszimmervermittlung durch Travel2Fairs GmbH, die Tochtergesellschaft der Deutschen Messe AG, mit garantierten Übernachtungsmöglichkeiten in Hotel- und Privatzimmern bei Ankunft. Bahnpauschalreisen aus dem gesamten Bundesgebiet inkl. Übernachtung über Travel2Fairs zu buchen.

Tourismus: Touristische Rahmenprogramme, Pre- und Post-Trips
Travel 2Fairs GmbH
Tel: +49 (0)511-336 44-510
E-mail: info@travel2fairs.com
Internet: www.travel2fairs.com

Hallenplan

www.messe.de

Größe des Geländes

Hallenfläche in Quadratmetern: 495.265
Freigelände in Quadratmetern: 58.070
Kongresszentrum: 6.500

9. Karlsruhe

2003 wurde nach zwei Jahren Bauzeit das neue Gelände auf dem Areal des ehemaligen Flughafens eröffnet. Karlsruhe ist ein vorwiegend regionaler Messeplatz, der durch den Ausbau des Stuttgarter Geländes zusätzlich in Bedrängnis geraten ist.

Die wichtigsten Messen 2007/2008

Name	Thema	Datum
Hortec	Gartenbautechnik, Gewächshäuser, Maschinen	23.11.–25.11.2007
LEARNTEC	Lernmittel, Software, Aus- und Weiterbildung, Seminaranbieter	Februar 2007/ Februar 2008
RESALE – Messe für gebrauchte Maschinen und Anlagen	Metall- und Kunststoffbearbeitung/Verpackung, Nahrung, Textil, Druck, Medizintechnik, Baumaschinen, Robotik	18.4.–20.4.2007

Anbindung des Geländes

Entfernung Hauptbahnhof:
30 bis 32 Minuten (S-Bahn), Taxi 13 Euro

Entfernung Flughafen Stuttgart:
länger als zwei Stunden Minuten (Bahn, Bus), Taxi 120 Euro

Parkplätze am Gelände: Messe 4.500, Kongresszentrum 1.000

Kontakt Hotels/Tourismus

Hotels: Zimmerbuchungen über KMK, Geschäftsbereich Tourismus

Tourismus: Karlsruher Messe- und Kongress-GmbH
Geschäftsbereich Tourismus
Festplatz 9
76137 Karlsruhe
Tel: +49 (0)721-3720-5381
E-mail: tourismus@kmkg.de; Internet: www.karlsruhe.de

Hallenplan

www.messe-karlsruhe.de

Größe des Geländes

Hallenfläche in Quadratmetern: 52.000
Freigelände in Quadratmetern: 10.000
Kongresszentrum: 17.000

10. Köln

Nachdem die Stadt Köln die pittoresken, aber nicht mehr zeitgemäßen Rheinhallen gegenüber des Doms an den Fernsehsender RTL verkauft hat, ist die Messe auf das neue, erweiterte Gelände nebenan umgezogen. Entlang des „Messe Boulevards" hat die Kölnmesse vier neue Hallen mit einer Ausstellungsfläche von insgesamt 80.000 Quadratmetern gebaut.

Die wichtigsten Messen 2007/2008

Name	Thema	Datum
imm cologne – Internationale Möbelmesse	Küchen- und Badezimmereinrichtung	14.1.–20.1.2008
ISM – Internationale Süßwarenmesse	Süßwaren, Backwaren, Knabbergebäck, Eis	27.1–30.1.2008
domotechnica – Fachmesse für Haushaltsgeräte	Weiße Ware, Küchenmöbel und Küchenmaschinen, Sanitärausstattung, Therapiegeräte	18.2.–21.2.2008
didacta – Bildungsmesse	Lernmittel, Multimedia-Technik, Schulbedarf, Spielwaren	27.2.–3.3.2007
Anuga Foodtech – Messe für Lebensmitteltechnologie	Verarbeitungstechnik, Aromastoffe, Analyse- und Labortechnik, Biotechnologie, Entsorgung	10.3.–13.3.2009
EUROCARGO – Fachmesse für Transport, Logistik, Telematik	Lager- und Fördertechnik, Güterverkehr, Telematik, Verpackungstechnik	17.6.–19.6.2008
FARBE – Ausbau & Fassade	Farben und Lacke, Beschichtungstechnik	18.4.–21.4.2007
IDS – Internationale Dentalschau	Instrumente und Dienstleistungen für Zahnärzte	20.3.–24.3.2007
INTERNATIONALE EISENWARENMESSE/ PRACTICAL WORLD	Werkzeuge, Sicherheitstechnik, Schlösser, Heimwerkerbedarf	9.3.–12.3. 2007
INTERMOT	Motorräder und Roller, Lederbekleidung, Zubehör	8.10.–12.10.2008
interzum – Internat. Messe der Zulieferer der Möbelindustrie	Polstereitechnik, Lederverarbeitung, Holzbau und Holzböden, Beschläge und Schlösser	9.5.–12.5.2007
Kind + Jugend – Internat. Kinder- und Jugendmesse	Kinderwagen, Kinderzimmerausstattung, Spielwaren, Kinderkleidung	13.9.–16.9.2007

Name	Thema	Datum
Orgatec – Office & Objekt	Büroeinrichtung, Software, Dienstleistungen, Beleuchtung	21.10.–25.10.2008
FSB – Fachmesse für Freiraum, Sport und Bäderanlagen	Ausstattung für Sportanlagen, Schwimmbäder, Spielplätze und Grünanlagen	31.10.–2.11.2007
SOLARIA – Internat. Fachmesse für Sonnenlicht-Systeme	Solarien und Zubehör	1.11.–3.11.2007
photokina – World of Imaging	Film- und Videotechnik, Laboreinrichtungen, Multimedia	23.9.–28.9.2008
spoga, Fachmesse für Sport, Camping, Lifestyle	Gartengeräte, Gewächshausbedarf, Friedhofstechnik, Wassersport	2.9.–4.9.2007

Anbindung des Geländes

Entfernung Hauptbahnhof:
2 bis 3 Minuten (S-Bahn, Regionalbahn), Taxi 9 Euro

Entfernung Flughafen:
8 bis 12 Minuten (S-Bahn, Regionalbahn), Taxi 25 Euro

Parkplätze am Gelände: 15.000 Messe-Parkplätze, Shuttle-Bus-Service zu den Messehallen

Kontakt Hotels/Tourismus

Hotels: Hotelbuchung über Internet möglich
Tel: +49 (0)221-821 39 98
E-mail: hotel-service@koelnmesse.de

Tourismus: KölnTourismus Office
Unter Fettenhennen 19 (Am Dom)
50667 Köln
Tel: +49 (0)221-304 00
E-mail: info@koelntourismus.de
Internet: www.koeln.de

Hallenplan

www.koelnmesse.de

Größe des Geländes

Hallenfläche in Quadratmetern: 284.000
Freigelände in Quadratmetern: 75.000
Kongresszentrum: 23.500

11. Leipzig

Nach der Wende ist in der Messestadt Leipzig, in der schon die DDR ihre Leistungsschauen veranstaltet hatte, ein hochmodernes Gelände entstanden. Unter der Ägide des heutigen Düsseldorfer Messechefs Matthias Dornscheidt profilierte sich Leipzig mit einem umfassenden Service-Angebot für Aussteller.

Die wichtigsten Messen 2007/2008

Name	Thema	Datum
AMI – AUTO MOBIL INTERNATIONAL	PKW, LKW, Ersatzteile, Zubehör, Tuning	14.4.–22.4.2007
baufach – Baufachmesse	Gebäudetechnik und Baustoffe, Logistik und Recycling	30.1.–2.2.2008
enertec – Internat. Fachmesse für Energie	Energietechnik, Biomasse, Biogas, Geoinformationssysteme	5.3.–8.3.2007
Z – Die Zuliefermesse	Metall- und Kunststoffverarbeitung, Elektronik	14.3.–16.3.2007
MIDORA – Uhren- & Schmucktage	Schmuck, Werkzeuge, Verpackung und Dekoration	8.9.–10.9.2007
INTERGEO – Fachmesse für Geoinformation und Landmanagement	Geodäsie, Kartographie, CAD	25.9.–27.9.2007
denkmal – Europ. Messe für Denkmalpflege und Stadterneuerung	Konservierungs- und Renovierungstechnik, Sicherheitstechnik, Aus- und Weiterbildung	29.10.–1.11.2008
GÄSTE – Fachmesse für Hotellerie und Gastro	Betriebstechnik, Gaststätten- und Hoteleinrichtung	4.11.–7.11.2007
GC – Games Convention	Software, Hardware, Computerspiele	22.8.–26.8.2007
Leipziger Buchmesse	Bücher, Zeitschriften, Kalender	13.3.–15.3.2007
TerraTec – Fachmesse für Umweltdienstleistungen u. -technik	Wasserwirtschaft, Recycling, Luftreinigung, Altlastensanierung	5.3.–8.3.2007

Anbindung des Geländes

Entfernung Hauptbahnhof:
6 bis 18 Minuten (Regionalbahn), Taxi 15,20 Euro

Entfernung Flughafen:
8 Minuten (Regionalbahn), Taxi 22,60 Euro

Parkplätze am Gelände: 6.000 Besucher-Parkplätze, 1.000 Aussteller-Parkplätze, 120 LKW-Parkplätze, Hubschrauberlandeplatz

Kontakt Hotels/Tourismus

Hotels: www.messehotelfuehrer.de/leipzig
Buchungen über die Abteilung Kundenservice der Leipziger Messe GmbH:
+ 49 (341) 710 42 60

Tourismus: Leipzig Tourist Service
+ 49 (341) 710 42 60
www.leipzig.de

Hallenplan

www.leipziger-messe.de

Größe des Geländes

Hallenfläche in Quadratmetern: 101.200
Freigelände in Quadratmetern: 33.000
Kongresszentrum: 5.750

12. München

Die „Neue Messe" versucht sich als Standort für Bau- und Metallbearbeitungsmessen zu positionieren. Die „Internationale Handwerksmesse" bekam 2006 einen neuen Zuschnitt: der Ausrüsterbereich für Metzger, Bäcker, Konditoren (MBKplus) in der Gastronomiefachmesse HOGA und die „Garten München" liefen erstmals parallel. Mit der „Metall" starten die Münchener 2007 eine zudem völlig neue Branchenschau.

Die wichtigsten Messen 2007/2008

Name	Thema	Datum
ANALYTICA, Biotech, Diagnostik, Labortechnik	Laborausstattung, Analyse-Geräte, Dienstleistungen	1.4.–4.4.2008
AUTOMATICA – International Trade Fair for Automotion	Robotik, industrielle Bildverarbeitung, Software	10.6.–13.6.2008
BAU – Internat. Fachmesse für Baustoffe und -systeme	Bautechnik, Baumaschinen, Teile	Januar 2009
bauma – Fachmesse für Baumaschinen, -fahrzeuge und -geräte	Ausrüstung, Antriebstechnik, Arbeitsschutz	23.4.–29.4.2007
Electronica	Halbleiter, Opto-Elektronik, Elektronik-Komponenten	November 2008
EXPO REAL – Internat. Fachmesse für Gewerbeimmobilien	Immobilien, Consulting, Software	8.10.–10.10.2007
IFAT – Internat. Fachmesse für Umwelt und Entsorgung	Wassergewinnung, Recycling, Altlastensanierung	5.5.–9.5.2008
inhorgenta europe – Fachmesse für Uhren, Schmuck, Perlen	Edelsteine, Ausrüstung für Goldschmiede und Juweliere	15.2.–18.2.2008
Internationale Handwerksmesse	Werkstattausrüstung, Lager- und Sicherheitstechnik, Kunstgewerbe	8.3.–14.3.2007
ispo sommer – Internat. Fachmesse für Sportartikel u. -mode	Sportbekleidung, Outdoor-Mode, Wassersport	8.7.–10.7.2007

Name	Thema	Datum
ispo winter – Internat. Fachmesse für Sportartikel u. -mode	Wintersportausrüstung, Kleidung, Fitnessgeräte	Februar 2008
ITMA Internationale Textilmaschinenausstellung	Textilmaschinen, Recycling, Entsorgung	13.9.–20.9.2007
LASER – World of Photonics	Opto-Elektronik, Laser, Fasertechnik, Beleuchtung	18.6.–21.6.2007
Metall München	Metallbearbeitung in Industrie und Handwerk	7.3.–10.3.2007
Productronica, Mikrotechnik, Anlagenbau	Mikrosystemtechnik, Mess- und Prüftechnik, Qualitätssicherung	13.11.–16.11.2007
SYSTEMS – IT, Media, Communications	Computer- und Telekommunikationstechnik, Netzwerke, Datenschutz	22.10.–26.10.2007
TRANSPORT LOGISTIC – Fachmesse für Logistik, Telematik, Verkehr	Transporteinrichtungen, Dienstleistungen	12.6.–15.6.2007

Anbindung des Geländes

Entfernung Hauptbahnhof:
20 bis 22 Minuten (U-Bahn), Taxi 35 Euro

Entfernung Flughafen:
54 bis 68 Minuten (U-Bahn, S-Bahn, Bus), Taxi 51 Euro

Parkplätze am Gelände: 7.800, davon 4.600 im Parkhaus

Kontakt Hotels/Tourismus

Hotels: Zentrale Hotelreservierung über Maritz smartfairs,
Hotline +49 (0)1805 05 1684
smartfairs@maritz.de oder www.messe-muenchen.de
Hoteldirectory mit Stadtplan der Messe München zu bestellen
unter +49 (0)89 949-207 20 oder Email: newsline@messe-muenchen.de

Tourismus: Fremdenverkehrsamt München
Tel: +49 (0)89-233 28 242
E-mail: tourismus@muenchen.de
Internet: www.muenchen.de

Hallenplan

www.messe-muenchen.de

Größe des Geländes

Hallenfläche in Quadratmetern: 180.000 (Neue Messe), 25.000 (M,O,C,)
Freigelände in Quadratmetern: 253.000
Kongresszentrum: 6.240

13. Nürnberg

Als Ausrichtungsort für die Weltmesse der dortigen Spielwarenindustrie entstanden, ist Nürnberg inzwischen die am schnellsten wachsende Messe der Republik, man setzt auf Nischenthemen wie Bio-Produkte und Fensterbau, außerdem ist Nürnberg besonders mittelständisch geprägt.

Die wichtigsten Messen 2007/2008

Name	**Thema**	**Datum**
Altenpflege+ProPflege	Pflegedienst, Medikamente, Ausstattung	20.3.–22.3.2007
BioFach – Weltmesse für Bio-Produkte	Lebensmittel und Kosmetik aus kontrolliert biologischem Anbau	Februar 2008
EUROGUSS – Internat. Fachmesse für Druckgießtechnik	Gießereiausrüstung, Öfen, Formen	11.3.–13.3.2008
European Coatings Show – Bauchemie	Druckfarben, Lacke, Arbeits- und Umweltschutz	8.5.–10.5.2007
FACHPACK, PRINT-PACK, LOGINTERN	Verpackungslösungen, Verpackungsdruck und Packmittelproduktion	25.9.–27.9.2007
fensterbau/frontale – Fachmesse Fenster u. Fassade	Konstruktion, Bearbeitungs- und Oberflächentechnik, Glas	2.4.–5.4.2008
HOGA Nürnberg – Fachmesse für Hotellerie und Gastro	Gaststättenausrüstung, Kühl- und Tiefkühlgeräte, Catering	Januar 2008
IFH/ INTHERM	Sanitär, Heizung, Klimatechnik	16.4.–19.4.2008
Interzoo – Internat. Fachmesse für Heimtierbedarf	Aquaristik, Terraristik, Heimtierbedarf, Ladeneinrichtungen	22.5.–25.5.2008
POWTECH – Fachmesse für mech. Verfahrenstechnik u. Analytik	Apparatebau, Mess- und Regeltechnik, Mechanik	27.3.–29.3.2007
SENSOR + TEST	Messtechnik, Sensorsysteme	22.5.–24.5.2007
SPC/IPC/DRIVES	Elektronikkomponenten, Steuerungssysteme, Sensortechnik	27.11.–29.11.2007
Spielwarenmesse	Spielzeug, Modelle, Multimedia	Februar 2008
Stone+tec – Fachmesse für Natursteinbearbeitung	Natursteinindustrie, Transport, Konservierung von Kunstwerken	6.6.–9.6.2007

Anbindung des Geländes

Entfernung Hauptbahnhof:
9 Minuten (U-Bahn), Taxi 13 Euro

Entfernung Flughafen:
24 bis 27 Minuten (U-Bahn), Taxi 22 Euro

Parkplätze am Gelände: 7.000 Parkplätze im Fußwegbereich, 3.000 im Parkhaus, 6.000 im näheren Umkreis

Kontakt Hotels/Tourismus

Hotels: Interessenten wenden sich bitte direkt an die Congress- und Tourismus-Zentrale Nürnberg

Tourismus: Congress- und Tourismus-Zentrale Nürnberg
Königsstraße 93
90402 Nürnberg
Tel: +49 (0)911 23 36-0
E-mail: tourismus@nuernberg.de
Internet: www.tourismus-nuernberg.de

Hallenplan

www.nuernbergmesse.de

Größe des Geländes

Hallenfläche in Quadratmetern: 152.000
Freigelände in Quadratmetern: 60.000
Kongresszentrum: 11.900

14. Stuttgart

Im Juni 2007 wird die Neue Messe Stuttgart mit der Fachmesse Blechexpo zum ersten Mal ihre Pforten öffnen. Auf einer verdoppelten Hallenfläche mit nun 100.000 Quadratmetern, einer Direktanbindung an Flughafen, Autobahn und Schiene sowie einem mit 9.000 Plätzen bestückten Kongresszentrum, das mit seiner Ausstattung – für einige Zeit zumindest – das modernste Europas sein wird. Die Stuttgarter konnten mehrere Veranstalter zum Wechsel auf ihr neues Areal bewegen, darunter Paul Schall mit seinen Messen (unter anderem Control, Microsys, Motek und Blechexpo).

Die wichtigsten Messen 2007/2008

Name	**Thema**	**Datum**
AMB – Internat. Ausstellung für Netallbearbeitung	Werkzeugmaschinen, Präzisionswerkzeuge, Messtechnik	9.9.–13.9.2008
Blechexpo	Blechbearbeitung	13.6.–16.6.2007
Dach und Wand (parallel zu Holzbau und Ausbau)	Dachbau und -abdichtung, Gerüstbau	5.3.–8.3.2008
Holzbau und Ausbau (parallel zur Dach und Wand)	Innenausbau, Werkzeuge, Maschinen, Nutzfahrzeuge	5.3.–8.3.2008
Interbad	Ausrüstung von Schwimmbädern, Sauna, Physiotherapie und Wellnes	September 2008
INTERGASTRA – Internat. Fachmesse für Hotellerie und Gastro	Ausrüstung von Großküchen und Hotels, Nahrungsmittel, Feinkost, Sanitärausstattung	9.2.–13.2.2008
INTERVITIS INTERFRUCTA – Technologiemesse für Wein, Obst und Fruchtsaft	Weinanbau-Technik, Kellerei, Obstanbau, Bodenbearbeitung, Pflanzenschutz, Abwassertechnik	22.4.–26.4.2007
Logimat – Fachmesse für Distribution, Material- u. Informationsfluss	Warenumschlagsysteme, Intralogistik, Software, Finanzierung	19.2.–21.2.2008
MiNaT	Feinwerks-, Ultrapräzisions-, Mikro- und Nanotechnologien	12.6.–14.6.2007
MOTEK	Montage- und Handhabungstechnik, Pneumatik, Steuerungssysteme	24.9.–27.9.2007

Name	Thema	Datum
TV – Textilveredlung und Promotion	Textildruck, Siebdruck, Stickerei, Dienstleistungen	25.1.–27.1.2008
VISION – Internat. Fachmesse für industr. Bildverarbeitung u. Identifikationstechnologie	Elektronische Komponenten, Messgeräte, Kameras, Dienstleistungen	6.11.–8.11.2007

Anbindung des Geländes (alt)

Entfernung Hauptbahnhof:
6 Minuten (Straßenbahn), Taxi 14 Euro

Entfernung Flughafen:
42 Minuten (S-Bahn), Taxi 35 Euro

Parkplätze am Gelände: 4.000

Kontakt Hotels/Tourismus

Hotels: Für Hotelgesamtübersicht und Online-Buchung:
www.stuttgart-tourist.de/deutsch/hotels/index.html
Tel: +49 (0)711-22 28-233

Tourismus: Stuttgart Marketing GmbH
Tel: +49 (0)711-22 28-240, -241
Internet: www.stuttgart-tourist.de

Hallenplan

www.messe-stuttgart.de

Größe des Geländes (alt)

Hallenfläche in Quadratmetern: 54.500
Freigelände in Quadratmetern: 10.000
Kongresszentrum: 3.255